柑橘提质增效生产丛书

TUSHUO GANJU
BIYU BIHAN GAOXIAO ZAIPEI JISHU

图说

柑橘

避雨避寒高效栽培技术

区善汉　梅正敏　肖远辉　麦适秋 / 编著

U0246545

中国农业出版社
北 京

内容提要

　　本书由国家柑橘产业技术体系广西创新团队栽培功能岗位专家、广西特色作物研究院区善汉研究员等编著。书中针对越冬果实或果实成熟期间经常因低温霜冻、冰冻或降雨导致裂果、烂果、落果的柑橘品种，从避雨避寒栽培角度，全面介绍了柑橘避雨避寒栽培的概况、适宜避雨避寒栽培的品种、果园规划与建园、幼树管理、结果树管理、避雨避寒栽培技术、主要病虫害防治等知识与技术。该书图文并茂，图片清晰丰富，语言通俗易懂，所介绍的技术实用性和可操作性强，适合广大柑橘产业技术人员、种植者、农业院校园艺专业师生等阅读参考。

前　言

　　柑橘是世界第一大水果，2016年的世界柑橘栽培面积与产量已列各类水果之首。柑橘是我国种植面积最大的水果，2016年全国柑橘面积和产量分别达到了3 841.2万亩*和3 764.87万吨，是我国广大柑橘产区农村的支柱产业之一。

　　柑橘原产于我国，我国柑橘资源丰富，优良品种繁多，已有4 000多年的栽培历史。我国柑橘主产地有广西、湖南、湖北、四川、重庆、江西、广东、福建、浙江、贵州、云南等省（自治区、直辖市），主栽品种的成熟期主要在8～12月，其中绝大多数品种的采收期集中在9～12月，造成采收上市期过于集中，给果品销售带来了极大压力。为了减轻销售压力，多数品种只能通过在采收以后用保鲜剂浸泡处理后再用单果袋包装，在常温或低温条件下贮藏保鲜来错开上市时间。

　　近十多年以来，随着品种结构的调整、效益的提高以及栽培技术的发展，中晚熟柑橘品种如沙糖橘、沃柑、金柑、马水橘、茂谷柑、W.默科特，以及晚熟脐橙和夏橙等愈来愈受到种

＊　亩为非法定计量单位，1亩≈667米²。——编者注

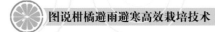

植户的青睐，其中沙糖橘、沃柑、金柑的发展尤其迅速。2016年，广东、广西的沙糖橘面积分别达到约50万亩、210余万亩，广西金柑面积和产量约30万亩和35万吨。马水橘、茂谷柑、W.默科特、沃柑的面积也在逐年增长，特别是沃柑的增长非常迅猛，其中广西沃柑种植面积估计130万亩左右。品种单一，面积与产量的大幅度增加，在带来规模效益的同时，在冬季降雨较多或低温霜冻频繁出现的天气条件下，果实往往会因大风、降雨、霜冻、冰冻的影响而出现果皮皱缩、褐变、枯水等现象，在一定程度上影响了果实的商品价值；同时，由于道路结冰、鲜果消费量下降等原因，造成沙糖橘、金柑鲜果外运、销售不畅，其价格也会相应大幅度下降甚至偶尔出现果难卖的状况；金柑在12月果实成熟期间，常常因持续的降雨或较严重的低温霜冻、冰冻影响而出现裂果、烂果、落果，导致严重减产甚至失收；马水橘果实着色成熟期间也经常会因低温霜冻、冰冻天气而出现果皮褐变、枯水，商品价值严重下降甚至完全失去商品价值；沃柑、茂谷柑、W.默科特、晚熟脐橙和夏橙则因较严重的低温霜冻出现异常落果，造成损失。因此，在很多的柑橘产地，特别是冬季经常会出现不良天气的产地，果农只能选择在降雨、霜冻等不良天气来临前采摘金柑和沙糖橘，导致金柑果实优良品质无法体现，金柑和沙糖橘上市集中；马水橘、茂谷柑、W.默科特、沃柑、晚熟脐橙和夏橙未成熟，无法采收，只能眼看着受到损失而无可奈何。

幸运的是，近20年来，柑橘避雨避寒栽培技术即在果实成熟期间利用塑料薄膜覆盖树冠避免大风、降雨、霜冻、冰冻直接接触果实，从而减少甚至完全避免了不良天气造成的裂果、烂果、落果损失，起到了显著的保果、保质、延长采收上市期，缓解销售压力，提高销售价格和经济效益的作用，可以说一张简单的薄膜为广大橘农解决了柑橘产业发展的大问题，因此，这项技术受到了愈来愈多的技术人员与农民朋友的欢迎与应用。

为了尽快推广柑橘避雨避寒栽培技术，不断提高栽培技术水平，使更多的农民朋友能早日用上用好这项简单、实用、效果显著的栽培技术，我们在多年从事柑橘科研与生产实践的基础上，编写了《图说柑橘避雨避寒高效栽培技术》。除注明出处的以外，图片均由笔者拍摄。在编写过程中，参考了部分同行的论著，在此表示衷心的感谢！

由于作者水平有限，书中错误和不足在所难免，恳请广大读者不吝批评指正，以便在今后修订时改正。

编著者

2018年3月 于桂林

目　录

第一章
柑橘避雨避寒栽培概述

在冬季常出现大风、低温霜冻、降雨、冰冻的柑橘产区，部分柑橘品种的果实常因低温霜冻、降雨、冰冻的影响而出现裂果、烂果、落果，或果皮冻伤褐变、枯水，不堪入口的现象，导致减产、果实品质下降、失收、商品价值严重贬损等后果。为避免此类现象的出现，果树科技人员及果农在长期的生产实践过程中，发明了在果实成熟期间、异常天气出现前，利用农用塑料薄膜覆盖树冠，避免大风、降雨、霜冻、冰冻直接接触果实，从而避免裂果、烂果、落果或果皮冻伤褐变、枯水等现象，这种栽培方式称之为柑橘避雨避寒栽培。

一、避雨避寒栽培的目的

在柑橘栽培品种中，金柑、滑皮金柑、沙糖橘、马水橘（春甜橘）、明柳甜橘、茂谷柑、W.默科特、沃柑以及晚熟脐橙、夏橙等最容易受到不良天气影响而出现裂果、烂果、落果，或果皮冻伤褐变、枯水。金柑果实成熟期间若遇几次较大的降雨或低温霜冻、冰冻，则会造成果实开裂、烂果、落果，轻者烂果率达到10%～20%，重者可高达70%～90%甚至全部落光，造成颗粒无收的惨状（图1-1至图1-3）；沙糖橘果实若在11月或12月中旬前成熟，且在此期间采收，其果实基本上不会因不良天气造成伤害，但若在12月中旬以后成熟，则会因寒露风、霜冻、冰冻、降雨造成果皮褐变、枯水、变形（图1-4至图1-6）；马水橘、明柳甜橘通常在1～3月成熟上市，但若在12月至翌年1月受到霜冻、冰冻、冻雨特别是霜冻的影响，也会出现果皮变软、变褐色、枯水、品质下降、果皮冻伤或果实外观正常而果肉失水干枯、无人问津的严重后果（图

图1-1　降雨造成金柑裂果

图1-2　霜冻造成金柑落果

图1-3　传统栽培的金柑果实因降雨、霜冻造成裂果落果

图1-4　低温风害导致沙糖橘果皮褐变

1-7至图1-10）；在严重霜冻出现的冬季，越冬品种茂谷柑、W.默科

图1-5 寒露风致沙糖橘果皮皱缩、褐变

图1-6 寒露风致马水橘果实失水干缩

图1-7 马水橘果实因霜冻褐变

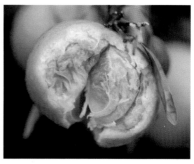

图1-8 连续4天的霜冻导致沃柑果肉严重枯水

图1-9 霜冻导致马水橘果实枯水（右为枯水果，左为正常果）

图1-10 低温霜冻致马水橘果实外观正常但果肉枯水

特、晚熟脐橙、夏橙（图1-11）、沃柑（图1-12至图1-15）也会不同程度地出现枝叶干枯、落叶、果实枯水、落果或果蒂附近产生裂纹（图1-16），影响外观品质，造成损失。

图1-11　受连续2天霜冻影响后才盖膜，沙糖橘落果严重

图1-12　2017年12月中旬连续4天的霜冻导致桂北部分低洼果园的沃柑叶片、果实严重冻伤

图1-13　2017年12月桂北连续4天的霜冻导致低洼果园沃柑幼树叶片与部分枝条干枯

图1-15 沃柑果肉因霜冻变软、失水，失去食用价值

图1-14 2017年12月中旬连续4天的霜冻导致桂北低洼果园的沃柑果实全部冻坏

图1-16 霜冻导致W.默科特果蒂周围果皮产生裂纹

在避雨避寒栽培技术未出现前，金柑必须在11～12月采收，由此带来的后果是果实品质未能充分体现、大量果品集中上市，销售价格低至1～3元/千克，严重年份甚至出现果难卖、卖不掉的现象。而避雨避寒栽培技术的应用，彻底解决了这些问题，不但果实不会受到伤害，而且可留树保鲜至翌年的2～3月（图1-17），采收期由传统栽培的11～12月延长至翌年的3月，延长了3个月左右，采收期的显著拉长避免了果品的集中上市，果品价格显著提高，由原来传统栽培的1～3元/千克提高到避雨避寒栽培的5～10元/千克，经济效益成倍提高。

图1-17　金柑树冠盖膜保果效果显著

　　同样，沙糖橘只能在12月至翌年的1月期间采收，由于量大集中，沙糖橘的销售价格通常在3～5元/千克，如遇像2012年冬春长期低温阴雨无光照、出现连续几天霜冻的天气，则其价格还要低，甚至出现后期因果实过熟而无人问津的后果。采用避雨避寒栽培后，不但果实完好无损，而且采收期可从12月延长至翌年3月（图1-18），销售价格也从3～5元/千克提高至5～12元/千克，经济效益显著提高。

图1-18　树冠盖膜后沙糖橘果实留树至翌年2月品质正常

马水橘、明柳甜橘也如此，在果实成熟期间的12月至翌年3月，遇到低温霜冻、冰冻就会出现枯水、干渣现象，果实品质下降，严重时不堪食用。而通过避雨避寒栽培则可完全避免此类现象的发生，保持果实品质，保证销售顺畅，最终确保经济效益（图1-19）。

图1-19　避雨避寒栽培马水橘果实留树至翌年3月

　　显然，避雨避寒栽培的目的就是通过树冠覆盖薄膜，避免冬季寒露风、低温霜冻、冰冻、降雨直接接触果实，造成果实的开裂、果皮裂纹（W.默科特）、腐烂、脱落、枯水或干渣，达到保果、保产、保质，延长果实留树保鲜时间，改善果实品质，拉长采收上市供应期，避免集中采摘上市，提高价格和经济效益的目的。

二、避雨避寒栽培的效果

　　柑橘避雨避寒栽培具有保果、保产、保质、延长留树保鲜时间、提高价格和效益等显著效果。

（一）保护果实

2010年12月7日桂林市出现第一次霜，12月16～17日全市

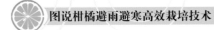

出现冰冻，12月23～25日出现了大范围的寒潮天气过程，日均气温小于7℃，48小时内平均气温降幅超过8℃，26～27日出现了冰（霜）冻。特别是16～17日出现的冰冻，对不盖膜的金柑造成了严重的影响，3～4天后大量果实开裂，随后腐烂掉落，损失惨重。经灾后7天的实地调查，此次霜冻造成的裂果率高达52.7%～57.4%，平均达到55.3%（表1-1，图1-20），而提前采取了树冠盖膜措施的果园没有裂果（图1-21）。

表1-1　霜冻造成金柑裂果情况（2010年12月23日）

株号	树龄（年）	冠幅（米）	裂果数（个）	好果数（个）	总果数（个）	裂果率（%）
1	8	2.2×2.3	689	512	1 201	57.4
2	8	2.0×2.1	621	536	1 157	53.7
3	5	1.4×1.5	116	104	220	52.7
	平　均		475.3	384	859.3	55.3

图1-20　树冠不盖膜金柑基本失收

图1-21　避雨避寒栽培的金柑果实留树至翌年3月完好无损

2012年10～11月，出现了多年未见的异常降雨天气，由于降雨时间早、次数多、持续时间长，因此，金柑产区的很多果园来不及给金柑树盖膜，导致前期出现了一定程度的烂果和落果。据调查，红壤土、不盖膜且正常成熟果园的裂果率达到7.09%～35.46%（表1-2），催熟果园的裂果率高达50%以上。

表1-2　2012年10～11月异常降雨导致金柑裂果情况

株号	好果数量（个）	烂果数量（个）	总果数（个）	烂果率（%）
1	130	18	148	12.16
2	237	27	264	10.22
3	93	23	116	19.83
4	118	9	127	7.09
5	403	45	448	10.04
6	493	93	586	15.87
7	66	15	81	18.52
8	91	50	141	35.46

（续）

株号	好果数量（个）	烂果数量（个）	总果数（个）	烂果率（%）
9	131	23	154	14.94
10	79	23	102	22.55
合计	1 841	326	2 167	15.04

（二）保持产量

根据实地采果测定的结果，2009—2010年，在广西桂林市阳朔县白沙镇实施的国家星火计划项目"金柑避雨避寒高效栽培技术示范推广"的示范果园，9～10年生盖膜金柑实生树的平均亩产量为2 791.28～2 800.00千克，两年平均为2 795.64千克，而不盖膜的对照果园的产量只有0～206.08千克，平均103.04千克，树冠盖膜比不盖膜增产2 713.16%；8～9年生枳壳砧盖膜金柑树的平均亩产量为2 543.95～3 428.04千克，两年平均为2 986.00千克，而不盖膜的对照果园的产量只有186.75～305.76千克，平均246.26千克，树冠盖膜比不盖膜增产1 212.54%（表1-3，图1-22）。

表1-3　2009—2010年金柑避雨避寒栽培果园产量对比

处理类型	果园地址	树龄（年）	砧木	平均亩产量（千克）		
				2009	2010	平均
树冠盖膜	白沙镇古板村	9～10	实生	2 791.28	2 800.00	2 795.64
	白沙镇古板村	8～9	枳壳	3 428.04	2 543.95	2 986.00
树冠不盖膜	白沙镇古板村	9～10	实生	0	206.08	103.04
	白沙镇古板村	8～9	枳壳	305.76	186.75	246.26
树冠盖膜比不盖膜增加产量（%）			实生			2 713.16
			枳壳			1 212.54

图1-22 树冠盖膜后遇到冰冻果实安然无恙

（三）保持或改善果实品质

1.**金柑果实品质的变化** 金柑果实留树至翌年3月采收时，树冠盖膜与不盖膜果实品质均存在差异，其中可滴定酸、维生素C和总糖含量的差异无规律性，但可溶性固形物含量（TSS）均是树冠盖膜高于不盖膜，这可能与树冠不盖膜果园树盘土壤含水量较高有关。从果实风味来看，处理与对照果实均甜酸适中或可口、化渣，有麻味（金柑特有的呛味），总体果实品质较好且差异不大（表1-4）。由此可见，金柑避雨避寒栽培延长果实留树保鲜期至翌年3月时，果实品质仍然得以保持，没有出现明显下降，更无劣变现象。

表1-4 传统栽培与避雨避寒栽培金柑果实品质的比较

果园	处理	采样日期	单果重量（克）	可滴定酸含量（%）	维生素C含量（%）	总糖（%）	可溶性固形物含量（%）	风味
赖玉梅果园	树冠盖膜	2010.3.09	16.7	0.36	40.86	12.26	16.8	酸甜适中、化渣、有麻味
		2011.3.21	19.14	0.89	22.21	11.44	16.0	味浓、甜酸可口、化渣
	树冠不盖膜	2010.3.09	12.6	0.67	39.43	11.12	16.0	偏酸、化渣
		2011.3.21	15.55	0.83	30.09	10.87	14.0	偏酸、肉质较脆
赵土养果园	树冠盖膜	2010.3.09	17.25	0.56	33.87	12.35	17.6	甜酸适中、化渣、有麻味
	树冠不盖膜	2010.3.09	14.45	0.51	33.87	12.33	16.4	甜酸适中、化渣、有麻味
雷六三果园	树冠盖膜	2010.3.09	13.5	1.12	45.32	13.1	18.4	酸甜适中、味浓、化渣、有麻味
	树冠不盖膜	2010.3.09	17.05	0.38	40.86	13.45	18.2	甜酸可口、化渣、有麻味

2.沙糖橘果实品质的变化 2013年1～3月，笔者于桂林市阳朔县福利镇黄小勇在旱田种植的七年生枳壳砧沙糖橘上进行了树冠盖膜（A）与不盖膜（CK）对果实品质影响的试验，结果如下：

（1）盖膜期间果皮色泽与果实风味的变化 表1-5结果表明，沙糖橘树冠盖膜处理的果皮色泽在整个盖膜期间均为橘红色，而没有盖膜的果皮前期为橘红色，从2013年2月17日开始转为橘黄色，色泽暗淡。同时，盖膜处理的果实较对照风味浓，但盖膜处理果实从2013年2月7日开始出现浮皮，而对照果实没有浮皮现象（表1-6），这可能与盖膜后树冠温度升高、通风条件较差、果实呼吸强度增强、果实成熟加快有关，真实原因还有待进一步研究。

表1-5 盖膜期间果皮色泽变化

处理	采样时间（月-日）							
	1-7	1-16	1-28	2-7	2-17	2-26	3-6	3-15
A	橘红	橘红	橘红	橘红	橘红	橘红	橘红	橘红
CK	橘红	橘红	橘红	橘红	橘黄	橘黄	橘黄	橘黄

表1-6 盖膜期间果实风味的变化

处理	采样时间（月-口）							
	1-7	1-16	1-28	2-7	2-17	2-26	3-6	3-15
A	甜酸可口	甜酸可口	甜酸可口	甜酸可口、浮皮	甜酸可口、浮皮	甜酸可口、浮皮	甜酸可口、浮皮	甜酸可口、浮皮
CK	味稍淡，甜酸可口	味稍淡，甜酸可口	味稍淡，甜酸可口	味稍淡，甜酸可口	味稍淡，甜酸可口	味淡	味淡	味淡

（2）盖膜期间果实总糖含量的变化　从图1-23可看出，在整个盖膜期间，盖膜处理的果实总糖含量均高于对照，含量变化较平稳，每100毫升果汁总糖含量从1月17日的8.35克到3月15日的9.88克，

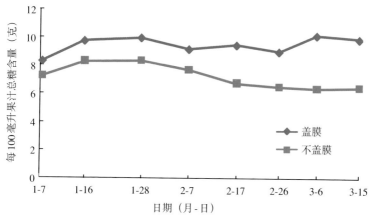

图1-23　不同处理沙糖橘果实总糖含量变化

总体呈上升趋势，而不盖膜的对照果实的总糖含量变化较大，从1月17日的7.30克到3月15日的6.44克，总体呈下降趋势。

（3）盖膜期间果实酸含量的变化　图1-24表明，盖膜处理果实的酸含量在开始的20天内呈上升趋势，每100毫升果汁酸含量1月28日出现最高值0.31克，此后的10天内迅速下降至低于对照的水平，2月7日出现最低值，此后的20天内上升高于对照，之后又下降至3月15日的0.19克；对照果实的酸含量呈现明显的下降趋势，1月7日出现最高值为0.26克，3月15日出现最低值为0.08克。盖膜处理果实的酸含量在大多数时间内高于对照。

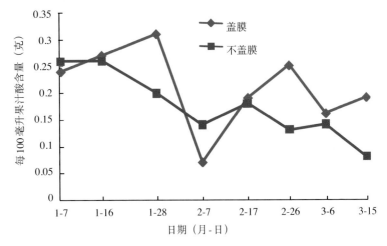

图1-24　不同处理沙糖橘果实酸含量变化

（4）盖膜期间果实可溶性固形物含量的变化　从图1-25可看出，盖膜处理果实的可溶性固形物含量从1月17日的12.33%提高到3月15日的13.40%，提高了1.07个百分点，总体呈上升趋势，而对照的从1月17日的10.70%下降至3月15日的9.90%，下降了0.80个百分点，总体呈下降趋势。整个盖膜期间，盖膜处理果实的可溶性固形物含量最高为13.9%，最低为11.8%；而对照的最高为10.8%，最低为9.4%。这种差异可能与盖膜后土壤含水量较低，

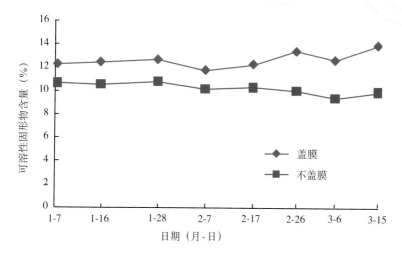

图1-25　不同处理沙糖橘果实可溶性固形物含量变化

而不盖膜的土壤含水量较高有关。

可见，在桂林市阳朔县的气候条件下，在沙糖橘果实成熟期间采用树冠盖膜的避雨避寒栽培技术后，果实甜酸可口、风味浓、口感好，可将果实留树贮藏至2月上旬，而不盖膜的对照果实风味一直较淡，从2月上旬开始果皮颜色由橘红转为橘黄，比树冠盖膜的果实差。

综上所述，树冠盖膜可使沙糖橘果实在一定时间内较不盖膜的果皮色泽好，果实总糖和可溶性固形物含量较高且呈上升趋势，口感好，风味浓。但在暖冬年份，由于盖膜后沙糖橘果实易浮皮，因此，在桂林地区沙糖橘树冠盖膜后果实最迟采收时期为2月上旬，过迟采收虽然果实品质仍然较好，但果皮已开始出现浮皮现象，对采后运输、贮藏及翌年开花结果不利。

（四）延长果实留树保鲜时间

避雨避寒栽培可使金柑果实留树保鲜从传统栽培的11～12月延长至翌年3月，沙糖橘从12月至翌年1月延长至翌年2月上旬或3月上旬。

（五）提高鲜果销售价格

根据近十年来在广西的调查，树冠不盖膜的金柑果实价格3.0～8.0元/千克，而树冠盖膜即避雨避寒栽培的高达5.0～14.0元/千克，比前者提高了31.6%～133.3%；沙糖橘、马水橘的情况与金柑相似，沙糖橘树冠盖膜果实价格比不盖膜的提高了32.0%～125.0%，马水橘则提高了33.3%～150.0%（表1-7）。

表1-7　传统栽培与避雨避寒栽培柑橘鲜果价格对比

品　种	年　份	传统栽培（元/千克）	避雨避寒栽培（元/千克）	避雨避寒比传统栽培提高（%）
金柑	2009	4.0～5.0	8.0～10.0	100.0
	2010	4.0～5.0	7.0～10.0	75.0～100.0
	2011	3.0～5.0	5.0～8.0	60.0～66.7
	2012	3.5～7.0	6.0～12.0	71.4
	2013	3.0～8.0	6.4～14.0	75.0～133.3
	2014	3.2～7.6	7.0～10.0	31.6～118.8
	2015	3.0～6.0	6.6～12.0	100.0～120.0
	2016	4.0～7.0	7.0～11.0	57.1～75.0
沙糖橘	2009	4.0～5.0	7.0～8.0	60.0～75.0
	2010	4.0～5.0	8.0～10.0	100.0
	2011	2.0～3.0	4.0～5.0	66.7～100.0
	2012	4.0～5.0	6.5～10.4	62.5～108.0
	2013	5.0～6.0	7.0～12.0	40.0～100.0
	2014	5.6～7.0	7.8～13.0	39.3～85.7
	2015	5.0～6.8	6.6～14.0	32.0～105.9
	2016	5.0～8.0	6.8～18.0	36.0～125.0

（续）

品 种	年 份	传统栽培（元/千克）	避雨避寒栽培（元/千克）	避雨避寒比传统栽培提高（%）
马水橘	2009	2.0 ～ 4.0	5.0 ～ 7.0	75.0 ～ 150.0
	2010	5.0 ～ 6.0	7.0 ～ 8.0	33.3 ～ 50.0
	2011	4.2 ～ 5.6	6.0 ～ 7.0	42.9 ～ 50.0
	2012	4.0 ～ 5.2	5.8 ～ 7.4	42.3 ～ 45.0
	2013	4.2 ～ 4.5	5.8 ～ 6.8	38.1 ～ 51.1
	2014	4.0 ～ 5.4	5.6 ～ 7.2	33.3 ～ 40.0
	2015	4.2 ～ 5.2	5.6 ～ 7.6	33.3 ～ 46.2
	2016	4.6 ～ 6.0	6.6 ～ 8.4	40.0 ～ 43.5

（六）提高经济效益

虽然避雨避寒栽培增加了相应的投资，但由于保证了果实不受伤害，果实品质得到改善，而且延长了果实采收上市期，销售价格显著提高，扣除所增加的投资后，产值和利润均明显提高。具体以2010年金柑避雨避寒栽培为例概述如下。

1.避雨避寒栽培增加的投资 金柑避雨避寒栽培的第一年主要增加了搭建避雨避寒大棚所需要的竹片、竹桩、竹竿、薄膜、尼龙绳和人工，共计投资1 038.0元（表1-8）。翌年2月、3月采果后，只将尼龙绳解掉，拆下薄膜卷起留存当年12月盖膜时第二次用，而搭好的棚架不拆，留在果园待第二次使用，所以金柑避雨避寒栽培增加的投资主要在第一年，第二年只增加了尼龙绳、拆膜和盖膜人工费共56.4元（表1-8），两年合计增加投资1 094.4元。棚架和大棚膜一般只能使用两次，从第三年开始要用新的棚架和大棚膜。沙糖橘、马水橘、明柳甜橘避雨避寒栽培增加的投资与金柑相差不大，如果是采用直接盖膜的话，增加的投资还要少。若使用水泥柱或镀锌钢管，则一次性投资会明显增加。

表1-8　金柑避雨避寒栽培第一年每亩增加的投资

序号	项目	规格	数量	单价（元）	小计（元）
1	竹片	长5米	68条	1.2	81.6
2	竹桩	高1.2米	136米	0.7	95.2
3	竹竿	长7～8米	20条	4.0	80.0
4	薄膜	5米×140米	50千克	13.0	650.0
5	尼龙绳				8.8
6	搭棚人工费	68株/亩	68株	1.8	122.4
合　计					1 038.0

图1-26　传统栽培的金柑12月时果实着色不均匀

2.避雨避寒栽培增加的产值与经济效益　传统栽培的金柑由于树冠不盖膜，到了12月果实开始成熟时必须及时集中采收上市，以免因降雨、冰冻造成裂果落果。但此时采收的果实未完全成熟，果皮外观颜色不均匀（图1-26），风味不够浓甜，所以价格低，两年平均2.7元/千克，亩产值6 612.3元；而避雨避寒栽培的金柑，果实采收期可以延长至翌年的1～3月，故果实可充分成熟，果皮橙黄或金黄色，着色均匀（图1-27），风味浓甜，可以分期分批采收上市，两年平均价格高达7.25元/千克，比传统栽培的高168.52%，在产量同等的条件下，亩产值达到18 085.85元，比树冠不盖膜的增加11 473.55元/亩，增幅达到173.52%（表1-9）。

图1-27 避雨避寒栽培的金柑1月时果实着色均匀，已充分成熟

表1-9 金柑避雨避寒栽培与对照果园的产值对比

项 目	年份	株产量（千克/株）	亩产量（千克/亩）	采收期	销售价格（元/千克）	产值（元/亩）
树冠不盖膜	2009	35.0	2 905.0	11 ～ 12月	2.4	6 972.0
	2010	30.65	2 084.2	11 ～ 12月	3.0	6 252.6
	平均	32.83	2 494.6		2.7	6 612.3
树冠盖膜	2009	35.0	2 905.0	1 ～ 3月	6.5	18 882.5
	2010	30.65	2 084.2	1 ～ 3月	8.0	16 673.6
	平均	32.83	2 494.6		7.25	18 085.85
树冠盖膜比不盖膜增加					4.55	11 473.55

综上所述，金柑避雨避寒栽培增加的大棚架和薄膜可以连续使用两年，两年增加的总投资为1 094.4元/亩，平均每年547.2元/亩，扣除盖膜增加的成本后，每亩可增加收入：每

亩增加的产值－每亩增加的成本=11 473.55－547.2=10 926.35（元/亩）。

在冬季经常出现低温霜冻的产区，沙糖橘、马水橘、明柳甜橘、默科特、W.默科特、晚熟脐橙、夏橙和沃柑果实成熟期间，气温已较低，常采用直接盖膜方式盖膜，省去了搭架用的竹片、竹桩、竹竿等材料及搭架、拆架人工费用，因此，这些品种采用避雨避寒栽培所增加的成本要比金柑的成本低得多，其投入产出比更大。

三、避雨避寒栽培的现状

1.应用区域　近20年来，柑橘避雨避寒栽培技术越来越受到广大果农的欢迎和重视，其应用范围迅速扩大，从20世纪90年代最初在广西阳朔县的少量金柑园采用后，到21世纪初迅速普及，至2007年阳朔县几乎所有金柑果园都已应用，期间广西融安县的金柑园和灵川县的滑皮金柑园也逐步开始采用这项技术。迄今，广西、湖南、江西、广东、四川、重庆等省（自治区、直辖市）均已有该项技术的应用，其中应用最广泛的是广西金柑、沙糖橘（图1-28）与W.默科特产区（图1-29）。

2.应用品种与面积　在广西，金柑与滑皮金柑避雨避寒栽培面积约30万亩，沙糖橘应用面积约150万亩；马水橘与W.默科特应用较少，面积估计在5万亩左右。随着桂北沃柑面积的增加，沃柑避雨避寒栽培面积将逐步扩大。江西、湖南、广东、贵州、云南等地，也逐步开始在金柑、沙糖橘及沃柑上采用；重庆市已在W.默科特、清见等品种上应用。

3.存在问题

（1）除棚架式盖膜外，其他盖膜架式在盖膜后一旦发生红蜘蛛、木虱、蚜虫、炭疽病等病虫害需要喷药时，操作不方便。

（2）马水橘、W.默科特、沙糖橘、沃柑等过分延期采收对塑

图1-28 桂北地区成片沙糖橘大规模避雨避寒栽培

图1-29 W.默科特避雨避寒栽培一角

年的树势、花量及产量会产生不同程度的不利影响，如何科学地确定适宜的采收时间尚缺乏试验研究。

（3）开始盖膜的时间较难确定，特别是金柑盖膜的时间，盖得过早容易因高温灼伤树冠顶部的枝叶和果实（图1-30），盖得太迟又容易因降雨或霜冻提前到来造成裂果和落果（图1-31）。

图1-30　11月盖膜致果实和枝叶灼伤

图1-31　12月下旬未盖膜树因霜冻严重落果

（4）在冬季气温较高的产区或年份，直接盖膜容易因高温、日照灼伤树冠顶部的部分果实和枝叶。同时，沙糖橘、马水橘果实容易过熟而浮皮（图1-32至图1-34），影响果实品质与贮运。因此，树上保鲜时间不能过长。

图1-32　2015年桂林沙糖橘留树保鲜至2月初已有部分开始浮皮

图1-33　2015年桂林沙糖橘留树保鲜至2月下旬已大部分浮皮

图1-34　2015年桂林沙糖橘留树保鲜至3月中旬已严重浮皮

（5）在冬季霜冻或冰冻严重的果园，直接盖膜往往会导致树冠顶部果实、枝梢出现不同程度的冻伤（图1-35）。

图1-35　2017年12月中旬极端低温－2℃导致盖膜树冠顶部部分枝叶受冻伤

(6) 避雨避寒栽培技术虽然基本解决了果实因降雨、霜冻、冰冻造成的裂果、枯水、落果与留树保鲜等问题，但在冬季极端气温太低特别是低至-3℃或以下，并且伴随出现严重而连续的霜冻时，在盖膜的情况下树冠顶部的部分果实、枝叶仍然容易受到不同程度的冻伤（图1-36）。因此，在这些产区，宜采用棚架式盖膜。

图1-36　2017年12月中旬桂北产区低温霜冻导致直接盖膜沙糖橘树冠顶部部分枝叶受冻伤

4.展望　柑橘避雨避寒栽培技术的应用，既解决了金柑、滑皮金柑、沙糖橘、马水橘、W.默科特、明柳甜橘、沃柑等品种果实成熟期间因大风、低温霜冻、冰冻、冻雨等不良天气导致的裂果、烂果、落果、枯水、果皮褐变等问题，避免了采前落果、果实品质下降，又显著延长了果实采收上市期，从而拉长了鲜果供应期，减缓了销售压力，提高了售价和经济效益，是一项一举多得的成熟而先进的实用技术，因此，在未来的柑橘栽培中必将愈来愈受到重视，其应用前景非常广阔。

四、适宜避雨避寒栽培的条件

1.品种 目前，适宜用于避雨避寒栽培的品种主要有金柑、滑皮金柑、沙糖橘、马水橘、明柳甜橘、茂谷柑、W.默科特、沃柑以及晚熟脐橙、夏橙类品种。

2.气候条件 一般而言，在冬季容易发生大风、低温霜冻、冰冻、冻雨天气的产区，宜考虑采用避雨避寒栽培技术。但是，最适宜的还是冬季比较寒冷、霜冻和降雨较多的地区，如广西中北部或西部部分冬季较寒冷的山区、湖南、浙江、湖北、贵州、重庆、四川、江西、广东北部山区等。

冬季较温暖的产区如广东南部、桂南、桂中等地，由于年有效积温较高，果实成熟较早，且不利天气出现的概率很低，因此，在价格较高的情况下，可以及时采收，不需盖膜。但是，如果当年丰产，价格不理想，则可考虑部分采用避雨避寒栽培，延长采收期。对迟熟的马水橘、明柳甜橘、W.默科特、茂谷柑、沃柑、夏橙和晚熟脐橙而言，由于果实越冬，所以要在冬季密切关注天气预报，若预期会发生低温霜冻天气，则要考虑避雨避寒栽培。

对金柑、滑皮金柑来说，只要在其成熟期间有可能出现中大雨等降雨天气，就算没有霜冻、冰冻天气出现，也必须采用避雨避寒栽培，因为金柑裂果的主要原因是降雨、霜冻和冰冻。

3.栽培目的 如果是为了延长果实采收上市时间，确保果实充分或完全成熟，提高果实品质、销售价格和经济效益，就应采用避雨避寒栽培。但是，如果果实在12月前成熟且价格较高，不考虑延期采收和后期价格提高等因素，则无需考虑避雨避寒栽培，果实及时采收上市即可。

第二章
适宜避雨避寒栽培的柑橘品种

目前来说，适宜避雨避寒栽培的柑橘品种主要有金弹、滑皮金柑、沙糖橘、沃柑、W.默科特、马水橘和明柳甜橘。

一、金弹

1.来源与分布 又名金柑、长安金橘、融安金橘、尤溪金柑、遂川金柑、上坪金柑等。广西、广东、福建、浙江、江西、湖南的金柑产区均有栽培。

2.主要性状 树冠圆头形，枝梢粗壮、稀疏；果实倒卵形或圆球形，单果重11～23克，果色橙黄或橙色，光滑，具光泽，果皮较厚；果肉质脆、味甜、品质佳；采收期11月中旬至12月上旬，通过薄膜覆盖避雨避寒栽培采收期可延长至翌年4月，种子每果4～9粒。金弹丰产稳产，品质好，是目前市面销售最多的鲜食金柑品种。该品种适应性强，抗寒且耐溃疡病（图2-1至图2-3）。

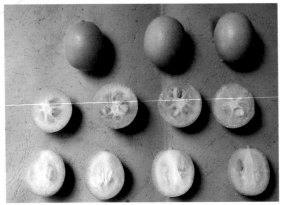

图2-1　金弹果实

图2-2　金弹果实外观

图2-3　金弹结果状

二、滑皮金柑

1.来源与分布 系广西金弹实生变异而来，1980年在广西融安雅仕选出，母树为45年生实生树。主要分布在广西融安、灵川、柳州市郊区，湖南、江西、浙江、广东有引种。

2.主要性状 果椭圆形或近球形，纵径2.6～3.1厘米，横径2.3～2.9厘米，单果重10.3～17.3克，个别大果可达23.6克；果面光滑细腻，蜡质层厚，有光泽，油胞点密，平生；皮厚0.4厘米；囊瓣5瓣左右，味甘香浓甜；每100毫升果汁中含糖16.07克、酸0.14克，糖酸比114.8∶1，种子少，平均每果1.1粒。采收期11月至12月上旬。

树势生长中庸，20年生实生树高3.2米，冠幅2.0米×2.5米，干周40厘米；枝条具短刺。叶菱状椭圆形，质厚，微向内卷呈船形，长6.3～6.5厘米，宽2.9～3.1厘米；主脉凸起，侧脉模糊，叶面绿色，背面淡绿色，近全缘；先端渐尖，基部窄楔；叶柄长1.1厘米，翼叶线状或叶柄与叶身无分离节。

本品种主要特点为果皮光滑，肉质脆甜，酸度很低，几乎为无酸型，种子极少，近无核（图2-4至图2-6）。

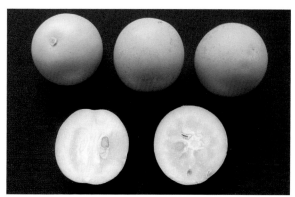

图2-4 滑皮金柑果实

图2-5　滑皮金柑果实外观

图2-6　滑皮金柑结
　　　　果状

三、沙糖橘

1.**来源与分布**　沙糖橘又名十月橘、冰糖橘，原产广东四会。是我国20多年来发展的主栽品种之一，主产广东、广西，福建、江西、四川、贵州、云南、湖南等省有分布。

2.**主要性状**　树势健壮，树冠圆头形，枝条细密，叶缘锯齿稍深，翼叶较小。花较小，完全花。果实扁圆形，果皮油胞粗而突出，橙黄至橙红色，果顶平，果皮容易剥离，果肉细嫩，汁多味浓甜，可溶性固形物含量12.0%～14.0%，酸0.3%～0.5%，种子0～12粒/果。成熟期11月下旬至12月上旬（图2-7，图2-8）。

图2-7　沙糖橘果实

图2-8　沙糖橘结果状

四、马水橘

1.**来源与分布**　马水橘又名春甜橘、阳春甜橘，产于阳春市马水镇。2003年通过广东省农作物品种审定委员会认定。在广东、广西柑橘产区均有栽培。

2.**主要性状**　属高糖低酸小型蜜橘。树势健壮，树冠呈半圆头形，枝细密。花较小，完全花；果实扁圆形，果顶平，果皮容易剥离，平均单果重40～60克；果皮橙黄色，果肉橙黄色，肉质

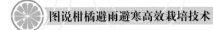
细嫩化渣，每100毫升果汁含糖11.8克、酸0.6克，味清甜较化渣。种子0 ～ 10粒/果，成熟期1月下旬至2月上旬（图2-9，图2-10）。

图2-9　马水橘果实

图2-10　马水橘结果状

五、明柳甜橘

1. 来源与分布　明柳甜橘是广东省农业科学院果树研究所和紫金县科技局等单位从紫金春甜橘的芽变选出的新品种。2006年通过广东省农作物品种审定委员会审定。主产广东河源、惠州地区，广西有引种。

2. 主要性状　树势强，树冠圆头形，枝条粗长有刺。花较小，完全花，自交不亲和。果形扁圆，果顶平，果面有柳纹，果皮容易剥离，橙黄色，大小为（5.4 ～ 5.8）厘米 ×（4 ～ 4.5）厘米。

可溶性固形物含量12.0%～13.0%，酸0.4%～0.5%。果肉汁多化渣，清甜有香味。成熟期1月下旬至2月上旬（图2-11，图2-12）。

图2-11　明柳甜橘果实

图2-12　明柳甜橘结果状

六、W. 默科特

1. 来源与分布　W. 默科特又叫少核默科特、W. Murcott或Afourer。美国育成的橘与橙的杂交品种。易剥皮，种子相对较少，果实留树时间较长。重庆市栽培较多，广西近年发展较快。

2. 主要性状　树势强，幼树树形直立，结果后逐渐开张。早结丰产，果实扁圆形，果皮薄、光滑易剥离，橙红色或橙黄色，单果重110～130克，种子0～5粒，混栽时种子增多。可溶性固形物含量12.0%～15.0%，酸0.7%～0.8%。果肉汁多化渣，味甜浓。成熟期1～2月（图2-13，图2-14）。

图2-13　W.默科特果实

图2-14　W.默科特
结果状

七、沃柑

1.来源与分布　沃柑是一个晚熟杂交柑橘品种，由坦普尔橘橙与丹西红橘杂交而来，2012年由中国农业科学院柑橘研究所引进。目前在广西、云南等省（自治区）大面积扩种，为近年发展最为迅猛的杂柑品种。但该品种对柑橘溃疡病敏感。

2.主要性状　生长势强，树冠初期呈自然圆头形，结果后逐渐开张。枝梢上具短刺。果实中等大小，单果重130克左右，果实扁圆形，果皮光滑，橙色或橙红色，油胞细密，微凸或与果面平，凹点少。该品种在桂林一般4月上中旬开花，11月中下旬转色，1月中下旬成熟，采收期从1月上中旬至3月上旬，果实耐贮性好，可溶性固形物含量13.3%，可滴定酸含量0.58%（图2-15，图2-16）。

图2-15　沃柑果实

图2-16　沃柑结果状

第三章
建园与种植

一、园地要求

园地要求主要包括所在地的气候、地形地势、土壤、灌溉水源、交通条件等。

（一）气候条件

在广西全境都可以种植柑橘，但不同产地的成熟期和果实品质存在差异。根据《广西柑橘产业发展规划（2006—2015）》，在广西，年平均气温16.4～22.5℃，≥10℃的年有效积温5 300～8 100℃，1月平均气温8.2～9.9℃，绝对最低温≥-5℃的地方均可种植宽皮柑橘（表3-1）。但从生产实践来看，虽然广西绝大部分地方都可种植，但是，不同产地的气候条件不同，导致了物候期的极大差异。如沙糖橘，在梧州春梢1月中旬开始萌芽，11月中下旬至12月上旬果实就着色成熟，而在桂林春梢往往推迟至2月中旬才萌芽，果实推迟至12月中下旬至翌年1月上旬才充分着色成熟，而此时桂林的温差要比梧州大，因此，同样成熟的果实，在梧州其果皮呈橙黄色，而在桂林呈橙红色，显得更鲜艳，同时，由于梧州的有效积温比桂林高，果实风味总体上是梧州的要比桂林的浓。显然，纬度的不同，导致了气温、积温等条件的不同，最终导致物候期和果实品质的差异。因此，在选择发展柑橘时，必须充分考虑到各地气候条件的差异。

表3-1　广西柑橘生态区域划分温度指标（单位：℃）

种类名称	生态区域	年平均气温	≥10℃年积温	1月平均温	极端低温历年平均值
甜橙	最适宜区	19.1～22.0	6 200～7 800	10.5～13.0	-1.0～-0.2
	适宜区	17.9～21.5	5 600～7 400	6～12.7	-3.0··1
	次适宜区	16.3～17.9	5 000～5 600	5.6～8.3	-3.9～-0.9
宽皮柑橘	最适宜区	17～20	5 300～6 400	6.7～10.0	-5.0～-0.2
	适宜区	16.4～21.8	5 000～7 600	6.6～13.3	-5.0～-0.4
	次适宜区	21.5～22.5	7 500～8 100	12.7～14.8	-4.9～-2.3
金柑	最适宜区	19.0～22.0	6 000～7 000	8～18	＞-4
	适宜区	18～19	5 500～6 600	7～8	-5.5～-4
	次适宜区	17～18	5 000～5 500	5～7	-6.5～-5.5

（二）地形地势

山坡地、平地、水田均可种植，但若冬季计划树冠盖薄膜避雨避寒的话，最好选择坡度在20°以下、南向的缓坡地或平地种植为宜，这样可以减轻盖膜的难度。如果选择在坡度20°以上的山地、丘陵建园，则在建园时应修筑水平梯地（图3-1），以利于水土保持，以及施肥、灌溉、喷药、修剪、果实采收等农事活动。

（三）土壤条件

果园宜选择土壤质地良好，无石块的红壤、黄壤、沙壤土、冲积土或水稻土均可，最好土壤疏松肥沃、有机质含量在1.5%以上、排水良好、地下水位1.0米以下、土层深厚、活土层1米以上、pH 5.5～6.5。

图3-1　山地修筑等高梯地种植

（四）水源条件

如果在旱地种植，则果园宜建在河流、水库、山塘等干旱季节可以抽水灌溉的水源附近，或建在地下水丰富的地方，以利于打井或从已有水源抽水灌溉；在水田种植，则要注意选择园区旱季能灌溉。雨季能排除积水的水田种植，切忌在积水无法排出的低洼地建园，否则，会因积水导致根系腐烂、枝叶枯黄甚至整株树死亡（图3-2）。

（五）交通条件

果园附近具备较好的交通条件，特别是规模较大的果园，宜选择在交通方便，最好在公路、河道附近或有机耕路直达的园地进行建园，以方便肥料、农药、果品等物资的运输。

图3-2 低洼积水导致根烂叶枯

二、不同地形建园要求

（一）丘陵坡地建园

利用红壤、黄壤的缓坡地或丘陵山地等建园，要优先选择地形较开阔平整、土层深厚肥沃、灌溉条件较好、坡度在25°以下、避冻避风的地方，同时搞好水土保持和土壤改良。

建园时要注意保留或在园地上方新种水源林和防护林，规划道路网和排灌蓄水系统、工棚、粪池，修筑内斜式等高梯地。坡度大而地形复杂或土地零散的地方应放弃不种。

在丘陵坡地的梯面上，可开挖宽80～100厘米、深60～100厘米的改土壕沟或改土穴，挖出的表、底层土分开堆放，分别回填，回填沟、穴前最好任其暴晒一段时间（图3-3）。改土沟、穴回填时，根据当地条件，可同时压埋基肥，如绿肥、杂草、蔗渣、蔗泥、厩肥等有机肥，加适量石灰（红黄壤等酸性土用）以及磷肥、麸肥等精肥。将有机肥与挖出的表层土混合后回填到离沟底30～50厘米时，将精肥与底层土混合后回填到高出地面10～20厘米即可，最后将挖出的土壤全部回填，使改土沟、穴的土面高出地面20～30厘米，经过一段时间的风化下沉后即可定植。

图3-3　开挖壕沟种植

为了加快定植后的苗木生长，在改土沟、穴回填后即可确定定植规格和定植穴的位置，对定植穴进行土壤培肥。方法是以栽植点为中心，在其半径20～25厘米、深40厘米范围内的土壤施用适量的堆沤腐熟的人畜禽粪肥、麸肥以及复合肥等，一边施肥一边将肥料与土拌匀，避免肥料过于集中造成伤根。如回填后立即栽植，则种植穴内施用的农家肥应经过充分腐熟。丘陵柑橘园容易干旱，要修建充足的蓄水或灌水设施，一般应保证每亩果园有6～10米^{3}的可用水源（图3-4）。

图3-4　水池与沼液池

（二）水田建园

利用水田建园，首先要考虑排水问题。

首选在旱能灌涝能排的地方建园。如果只能在地下水位高的地方建园时，则必须采用深沟高畦方式种植（图3-5），以降低地下

图3-5　水田建园，高畦种植

水位，将地下水位常年保持在80～100厘米以下。

　　不能在低洼、雨季积水无法排出的地方建园，以免长时间淹水导致死树（图3-6）。

图3-6　低洼无法排水处不宜建园

　　尽量不要在河道转弯处的下游建园，以免洪水泛滥时河道改道将果园冲垮（图3-7），造成不可挽回的惨重损失。

图3-7　河道转弯处建园风险大

三、园地规划

(一) 小区规划

园地选好以后，尤其对丘陵坡地面积较大的果园，用水平仪或经纬仪进行一次地形、地貌图的测定，标出等高线、山地、河流、面积、边界及现有设施，做好环境条件的各种说明，为具体设计规划提供依据。

(二) 道路与建筑物规划

为管理和运输方便，应在果园中完善道路系统，道路系统应与作业区、防护林、排灌系统、机械耕作系统相结合（图3-8）。一般大、中型果园要由主干道、支道和田间道三级道路组成。主干道是全园主要干线，要贯穿各个作业区，各区以主干道为分

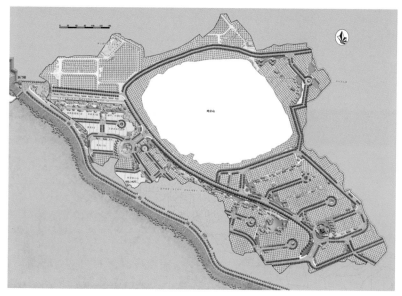

图3-8　果园规划图

界线。主干道路面要宽，在山地局限性大的情况下至少要保持4米，除了行道树以外，可以通过2辆大卡车；小区支路，连接主干道，一般宽2～3米，主干道和支路路面可以铺填石料，以方便车辆通行；田间道是为了配合机耕，多在山腰设置环山道，宽2米左右，铺石料或土壤路面均可。坡度较大的山地果园还要修建倾斜上山的道路，宽度与田间道同，坡度不宜太大，以免拖拉机上山困难。各级道路的两旁修筑排水沟。各级道路互相连通使果园形成道路网络（图3-9），方便机械耕作、运输果实和肥料。

图3-9　规模果园的实际规划

在山高坡陡、地形比较复杂、建设道路难度较大的地区，可以铺设绞车或轨道车运送物资（图3-10）。绞车则在山间设置空中索道，索道一般为双线，一条线上，一条线下。各作业区均应有一条索道，与库房相连接，便于运送肥料、果品及其他物资，索道中心控制室应设在场部附近。轨道车则可沿山坡修建一条轨道，供车辆上下运输。

平地果园则根据小区面积，合理设置主干道、支路和田间道路，原则上以既方便农用机械通行又不浪费土地为宜。

（三）水利设施

为方便灌溉、施肥和喷药，果园内一定要规划有水池和药池。原则上，每10～15亩的果园面积要修建一个水池，容积40～50米^3，用于贮水、沤制水肥用；在水池旁边，紧挨水池修建药池1～2个，每个药池容积准确定至1米^3，方便喷药时稀释药液（图3-11）。随着水肥一体化技术的兴起和成熟，目前能用作水肥一体化施用的水溶性肥料种类愈来愈多，且效果普遍较好。因此，如果条件允许，可同时规划滴灌或喷灌系统，逐步实现灌溉、施肥一体化，提高效率，降低成本。

图3-10　山地果园轨道车

图3-11　果园内的水池与药池

灌溉时，无论用明沟灌、暗沟灌，还是喷灌或滴灌，都要考虑到水源。水源有提灌引水，水库、河道等途径引水，现在山地果园中用得比较普遍的是提灌。

提水装置和排灌系统，除各区有水泵及提水送水设备以外，要在果园中心地带建立中心控制室，有条件的可以在中心控制室中安装计算机控制灌溉速度、时间及流量，并在有代表性的果园安装中子水分测定装置，测定柑橘的需水时间及需水量。

微型喷灌除了满足柑橘灌溉需要，还是世界上柑橘防寒的先进设施，每当低温袭击，微型喷灌可提高温度 1 ～ 2℃。

四、苗木质量与种植

（一）适宜砧木

砧木选择应当考虑品种、当地气候和土质，宜选择砧穗愈合良好、丰产优质、抗逆性强、品种纯正、生长健壮、根系完整、无检疫病虫害的优良品种作砧木。这里仅介绍本书所提及的适宜避雨避寒栽培的柑橘品种的常见砧木品种。

1.枳　根系发达，须根多，主根浅，冬季落叶（图3-12）。是目前应用最多、最广的柑橘砧木。对多数柑橘品种嫁接亲和力强，成活率高，早结丰产，较矮化，适应性强、耐寒、抗旱、耐瘠，较耐湿，不耐盐碱，对柑橘裂皮病和柑橘碎叶病敏感。适宜

图3-12　枳砧木苗

用作沙糖橘、马水橘、明柳甜橘、茂谷柑、W.默科特、脐橙、金弹、滑皮金柑等的砧木（图3-13）；在紫色土，可作沃柑的砧木。在广西红壤、黄壤和水稻土上用作沃柑的砧木，表现不一，部分果园存在不同程度的叶片黄化现象，最终表现到底如何，还有待观察研究。

图3-13 枳砧马水橘

2.**酸橘** 较直立，根系发达，须根较少，主根深（图3-14）。对土壤适应性强、耐旱、耐湿，生长旺盛，进入结果年龄比枳迟。适宜作沙糖橘、马水橘、明柳甜橘、茂谷柑、W.默科特、夏橙的砧木。用作沙糖橘、金弹和滑皮金柑的砧木（图3-15），容易出现树势过旺、坐果较差的现象。目前在广西红壤、黄壤和水稻土上用作沃柑砧木的酸橘，部分可能不是酸橘（种子从陈皮等加工厂购进），所以表现不一，也存在不同程度的叶片黄化、上大下小现象，最终表现如何，尚有待观察研究。

图3-14 酸橘砧木苗

图3-15 酸橘砧金柑

3. **金柑** 根系较发达，须根多，主根较深，对土壤适应性强、耐旱、耐瘠，适宜用作金弹、滑皮金柑的砧木（图3-16）。

4. **资阳香橙** 根系发达、分布广、须根多、耐旱、树形开张、早结丰产、抗逆性较强，不耐涝。是迄今在广西各地表现最好的沃柑优良砧木（图3-17）。

图3-16 金柑本砧嫁接结果树

图3-17 香橙砧木苗

图3-18 柑橘裸根苗

（二）苗木质量

优质苗木应该具备以下条件：砧木嫁接部位离地面5厘米以上，已解除嫁接时捆绑的薄膜，嫁接口愈合良好。主干粗直，高35厘米以上，具2～3条长15厘米以上的分枝，枝叶健全，叶色浓绿有光泽，砧、穗结合倾斜度不大于15°。根系完整，主根长20厘米以上，具2～3条粗壮侧根，须根发达，根颈正直，无病虫害（图3-18至图

3-20）。不购买砧木、接穗来源不明或没有保护设施防护的苗圃培育的苗木（图3-21），更不能在市场上随意购买苗木。

图3-19　柑橘营养杯容器苗

图3-20　柑橘营养袋容器苗

图3-21　没有保障的露天苗圃

（三）种植密度

种植密度一般应考虑品种（品系）、砧木、气候、立地条件（地形、地势、坡度、土壤、光照等）、土地租金、是否是黄龙病区和栽培技术等因素，详见表3-2。

表3-2　不同品种与地势种植密度

品种（品系）	山地		平地	
	株行距（米）	株/亩	株行距（米）	株/亩
金柑	2×4	83	2×3	111
滑皮金柑	3×4	56	3×4	56
沙糖橘	2.5×4	66	2×3	111
	3×4	56	3×4	56
马水橘	2×4	83	2×3	111
明柳甜橘	3×4	56	3×4	56
茂谷柑 W.默科特 沃柑 脐橙、夏橙	2×4	83	2×3	111
	3×4	56	3×4	56

（四）种植时期

春植和秋植为主，也可在夏初种植。春植在春梢开始萌动前，气温回升至15℃时开始；夏植在春梢老熟后的5月上、中旬；秋植于10月至11月初进行。

容器苗定植不受时间限制，一年四季均可种植，但仍以春季和秋季种植为好，而且宜在新梢老熟后种植。

（五）苗木种植方法

1.**裸根苗的种植**　用新鲜黄泥拌成泥浆蘸根，然后将种苗定植于种植穴内，根系自然展开（图3-22），回填细土压实，往上轻轻提拉，再盖一层细土，围起树盘，淋足定根水，用杂草覆盖树盘（图3-23），并经常淋水保持土壤湿润，直至抽出新芽为止。

图3-22　裸根苗的种植　　　　图3-23　定植后在树盘盖草

2.**容器苗的种植**　定植时轻拍育苗桶四周，将苗木从育苗桶抽出，放入定植穴内（图3-24），一只手固定苗木，苗的深度与育苗桶中根颈高度一致，另一只手将根系四周的细土回填穴内，再灌水，然后将土填满种植穴，围起树盘（图3-25），淋水保湿（图3-26）。注意不能用脚踏实土壤。定植时，如发现有主根扭曲或侧根、须根缠绕，则应该将其剪平，以利于根系生长。

图3-24 容器苗的定植

图3-25 定植时筑成圆形
树盘

图3-26 淋定根水

第四章
幼树管理

幼树是指自种植后至结果前的树，一般指种植后第一、第二年的树，第三年开始正常开花结果。幼树管理的目的是促进营养生长抑制生殖生长。

一、土壤管理

（一）中耕除草与生草栽培

夏季高温多雨，杂草茂盛，若不及时除草，则树盘内的肥料就会被杂草消耗，影响树体的营养，同时，雨季容易造成土壤板结，不利于根系的生长和活动。所以，应保持树盘内无恶性杂草。在每个季度特别是雨后，在除草的同时对树盘中耕松土1～2次，深度10～15厘米，保持树盘土壤疏松无恶性杂草（图4-1），一般的矮生非恶性杂草可以适当保留，以减少水土流失。

为了节省人工、保持水土，增加有机质，提倡果园生草。在树盘内外，只要不是恶性杂草，都可以保留（图4-2），特别是在秋冬干旱季节，保留树盘内外的杂草既可以保湿，又可以保持土壤温湿度相对稳定。杂草过高时，用割草机割草可以覆盖树盘。

图4-1　树盘除草松土　　　　图4-2　果园生草栽培

（二）深翻改土

柑橘属多年生果树，正常情况下其寿命长达20～30年或以上，种植后固定在一个地方，每年从土壤中吸收大量的营养，虽然可从每次施用的速效肥料中得到补充，但是，只靠施用速效肥料补充是不够的，因为速效肥料没有改良土壤的作用，施用不当还会造成土壤板结，土壤结构恶化，不利于根系生长活动。因此，必须每年或每两年进行一次深翻改土，通过挖深沟，施用足够的有机肥料，增加土壤有机质，在补充土壤养分的同时，改良土壤结构，使土壤疏松肥沃，为根系生长创造良好的土壤环境条件。可在每年的6～7月或10月至翌年1月，在树冠一侧外围滴水线附近，挖长×宽×深为（1～1.5）米×（0.5～0.7）米×（0.6～0.8）米的施肥坑（图4-3），坑内施入适量的鲜绿肥、杂草、农家肥、堆肥，或堆沤发酵过的牛粪、羊粪、兔粪、鸡粪、蔗泥或土杂肥，或花生麸、菜籽饼等，同时施用磷肥，酸性土壤还要配施适量的

石灰，在回填过程中将肥料与土拌匀，以免肥料过于集中引起烧根（图4-4）。每次挖坑的位置逐年轮换。

图4-3　挖施肥坑，深翻改土

图4-4　肥料未拌匀导致烧根叶枯

（三）合理间作

在结果前，树冠较小，株间行间空地较多，为了解决有机肥的来源问题，封行前可在行间株间间种各种矮生绿肥作物，如花生、黄豆、绿豆、豇豆、茹菜、萝卜、油菜等（图4-5，图4-6）。

图4-5　幼树行间间种绿肥

图4-6　间种花生

（四）树盘盖草

在高温多雨的夏季，杂草生长快，如不能及时除草，则果园杂草丛生，影响果园的正常管理和肥料的利用。可以在夏季用杂草或稻草等覆盖树盘，减少或避免杂草生长，保持土壤疏松。同时，在干旱的秋季，继续用杂草、稻草覆盖树盘（图4-7），覆盖物厚5～8厘米，离树干约5厘米，有利于保湿降温。冬季，对根系外露的树，可在树盘培入3～5厘米厚的肥沃土壤，保护根系。

图4-7　果园生草与树盘盖草防旱

二、肥水管理

（一）施肥原则

土壤施肥以有机肥为主，化肥为辅，以满足树体对各种营养元素的需求。

（二）土壤施肥

土壤施肥常采用浅沟施、深沟施等方法。施追肥时在树冠滴水线附近挖深20～30厘米的条沟或环形沟（图4-8），长度视树冠、施肥量而定。位置逐次轮换。

图4-8　环状浅沟施肥

1.基肥的施用　基肥，一般叫底肥，是在种植前施用的肥料。主要是供给果树整个生长期所需的养分，为树体生长发育创造良好的土壤条件，同时改良土壤、培肥地力。作基肥施用的肥料大多是迟效性的肥料。厩肥、堆肥、家畜粪、绿肥等是最常用的基肥。化肥中的磷肥如钙镁磷肥、磷矿粉等均适宜作基肥施用。

基肥的施用深度视土层厚度、砧木种类而定。柑橘园的基肥除了在种植前施用外，更主要的是在柑橘果园土壤改良过程中施用，一般是在夏季、冬季或早春季节施用，其施用方法有：

（1）坑施　在树冠滴水线附近，挖深40～60厘米、宽50～60厘米、长100～150厘米的长方形坑，将基肥与土壤回填入沟内（图4-9）。坑施一般用于幼龄果园和种植密度较小的成年果园。

（2）通沟施　沿行向，在树冠滴水线附近开挖与行同长、深40～60厘米、宽50～60厘米的通沟一条，沟内施入基肥（图4-10）。通沟施适用于种植密度较大的成年果园。

2.追肥的施用　追肥是在柑橘生长过程中加施的速效性肥料。追肥的作用主要是为了供应柑橘抽梢、开花、坐果、果实膨大、

图4-10　开通沟施肥

图4-9　挖坑施肥

成熟等不同生长发育时期对养分的需要，或者补充基肥量的不足而施用。生产上通常是基肥和追肥结合施用。追肥的施用方法主要有：

（1）浅沟施　在树冠滴水线附近，挖深20～25厘米、宽20～30厘米、长100～150厘米的条沟或环形沟（图4-11），将追肥施入沟内后盖土。浅沟施一般适用于干性肥料的施用。

（2）淋施　在树盘松土的基础上，将粪水、沼液、麸水等速效性液肥直接淋施在树盘土壤上；或按浅沟施的开沟方法开好沟后，将液肥淋施到沟内。施后不盖土，可反复多次施用，适用于液肥如粪水、沼液、麸水及尿素、复合肥等既溶于水又不容易挥发的肥料的施用。

（3）滴灌　将水溶性肥料按一定的浓度溶入水池后，通过滴灌带或滴灌管等滴灌系统将水和肥料滴到树盘土壤上（图4-12）。滴灌省工省料，肥料利用率高。

（三）叶面施肥

1.叶面施肥的作用　叶面追肥可及时补充树体急需的营养元素，因此，应用普遍，效果也很好。特别是在每次梢转绿老熟期喷施，对新梢转绿老熟具有良好的促进作用。可根据物候期，将速效性肥料按使用倍数兑水后均匀喷雾到叶片上，及时补充树体所缺乏的营养。

图4-11　树冠滴水线附近开挖浅沟施肥

图4-12　沿行向铺设2条可移动的滴灌管滴水肥

2.叶面施肥的种类与浓度 具体使用的叶面肥料种类、使用时期及其浓度详见表4-1。

表4-1 常用叶面肥料种类、使用浓度及时期

种 类	使用浓度（%）	使用时期	种 类	使用浓度（%）	使用时期
尿 素	0.2～0.3	新梢转绿期	硫酸锰	0.1～0.2	新梢转绿期
磷酸二氢钾	0.2～0.3	新梢转绿期	硫酸亚铁	0.2	新梢转绿期
三元复合肥	0.3～0.5	蕾期、新梢转绿期	柠檬酸铁	0.05～0.1	新梢转绿期
硫酸镁	0.1～0.2	新梢转绿期	硼 砂	0.1～0.2	蕾期、花期
硫酸锌	0.1～0.2	新梢转绿期	硼 酸	0.1～0.2	蕾期、花期
硫酸钾	0.5～1.0	新梢转绿期	沼气液	10～30	新梢转绿期
硫酸铵	0.3	新梢转绿期	人 尿	10～30	新梢转绿期
虾肽健叶	0.15～0.2	各生长期			

3.叶面肥的使用时期与方法 一般情况下，叶面肥在一年四季都可以使用，但在生产实践中主要是在春梢、夏梢、秋梢或晚秋梢叶片展叶至转绿期间使用居多。叶面肥既可以单一使用，也可以2～3种混合使用。具体是单一还是混合使用，主要取决于叶面肥所含的养分种类及使用目的。例如，为了促进新梢尽快转绿老熟，既可以单独使用三元复合肥、沼气液或人尿，也可以用尿素＋磷酸二氢钾、尿素＋磷酸二氢钾＋硫酸镁、尿素＋磷酸二氢钾＋硼砂或硼酸等。除此以外，也可以直接使用市面上销售的含有多种营养元素的商品叶面肥。

表4-1中所列的"虾肽健叶"是一种新型叶面肥（图4-13），以虾头为原料，

图4-13 新型肥料虾肽健叶

运用先进的生物螯合和酶解技术，提取出多种活性氨基酸、甲壳素、壳聚糖、虾脑磷脂、虾红素和活性钙，并添加经过氨基酸络合的镁、铁、锰、硼等元素，营养科学全面。在柑橘各生长期兑水600倍叶面喷施，可有效增强植株免疫力，促进枝梢健壮，防止黄化早衰，促进糖分的积累，有利于果实着色和品质的提高。

（四）水分管理

1.**灌溉**　用于果园灌溉的水，应确保无污染。在干旱的季节，根据叶片缺水情况及时进行灌溉，防止叶片萎蔫、卷叶、落叶。

2.**排水**　在多雨季节或地下水位高的果园，应及时疏通排灌系统，排除积水，以防积水泡根，导致烂根、诱发流胶病、根腐病，影响树体正常生长，容易出现叶片黄化、树势衰弱、产量和果实品质下降甚至死亡的严重后果（图4-14，图4-15）。因此，在水田、洼地、排水不畅的土地上种植时，可采用高畦种植（图4-16）或开深沟排除积水。

图4-14　暴雨导致低洼果园严重淹水

图4-15　低洼积水导致沙糖橘叶片黄化

图4-16　在易积水的果园采用高畦种植

（五）水肥一体化管理

随着劳动力成本的逐步提高，柑橘的施肥技术和方式正在发生着向省力、高效、节本方面的巨大变化。传统的施肥除叶面肥及少量的化肥如尿素以外，基本上是通过沟施、穴施、撒施的方式，首先将肥料施入土壤后再通过灌溉或雨水将肥料溶解后再被根系吸收，这种施肥用量大、劳动效率和肥料利用率低，往往肥料无法及时被吸收，在劳动力成本日益高涨的趋势下，此种施肥方式正在逐步被水肥一体化施肥方式所取代。

水肥一体化施肥方式是通过滴灌或微喷灌管道系统，事先将水溶性化学肥料按一定的比例和用量溶入洁净的水中，变成水溶性肥料溶液后，通过抽水机或压力泵将溶液滴到或微喷到根系周围土壤中，供根系缓慢、微量地吸收。这种施肥方式虽然增加了一次性滴灌或微喷系统的投入，但由于不需要开沟、开穴，所以大幅度减少或避免了人工的投入，节省了大量的人工成本，同时，用水量和用肥量均显著减少，肥料的浪费和流失基本可以避免或显著减少，因而肥料和灌溉水的利用率显著提高。

1.水肥一体化灌溉系统　水肥一体化灌溉系统分两种，一种是滴灌（图4-17），通过滴灌带或滴灌管将水溶性肥料输送到根系，所需供水与加压设备简单，一般在果园的高处建一个贮水池，不需加压，实行自流灌溉即可，同时，灌溉管道投资少，如果用滴灌带，则亩投入大约400元；如果用国产滴灌管，亩投入1 000元左右；如果使用进口成套滴灌设备，则设备投资高达数百万元。另一种是微喷系统（图4-18），投入比滴灌系统大，主要是增加了加压水泵、微喷头，管道只能使用塑料管，而不能用滴灌带。

图4-18　果园微喷

图4-17　沿行向铺设1条滴灌
管滴水和水溶性肥料

2.水肥一体化所用的肥料种类和使用浓度　所用的肥料必须是水溶性、含有多种营养成分的肥料。市面上的同类肥料较多，成分、价格、效果都存在着较大的差异。这里介绍一种新型肥料——虾肽氨基酸肥料。

虾肽氨基酸是采用富含动物性蛋白的虾头为原料，运用先进的生物螯合和酶解技术而成的专利产品。肽是一种容易被农作物吸收的小分子营养，只有纳米般大小，虾头中含有18种游离氨基酸，氨基酸总含量18%以上，还含有丰富的虾肽蛋白、虾脑磷脂、虾红素、壳聚糖和活性钙。

虾肽氨基酸：①18种活性虾肽氨基酸是小分子（全部溶解于水），吸收快（喷后6小时90%成分已被植物吸收），利用率高，而且氨基酸种类齐，全面补充作物营养，令根壮叶茂果硕，产量提高。②虾肽氨基酸可大量培养土壤固氮菌、解磷菌、解钾菌，分解土壤中的氮、钾供作物吸收，从而提高肥料的利用率，并释放出激素，对树体生长有调节作用。③虾肽氨基酸钠可络合土壤重金属、降解土壤中残留的硝酸盐毒性，改善果实的品质。④虾肽氨基酸对根系深扎有显著作用，能大幅度提高根系吸水能力，而且氨基酸本身是高热能的营养物质，故可大幅度提高树体抗旱抗寒能力。

壳聚糖：①壳聚糖作为高科技产品被医疗界推崇使用，壳聚糖和壳寡糖本身具有广谱杀菌作用，植物接触后可诱导植株产生抗体和几丁质酶、壳聚糖酶、葡聚糖酶等多种酶，几丁质酶和葡聚糖酶是一种抗性PR蛋白，能水解病原菌的细胞壁，抑制病原物的生长；壳聚糖及其衍生物可诱导植物在受害侵染点周围木质化，形成物理屏障，阻止病害再侵染；壳聚糖能诱导植株酚类物质（单宁、绿原酸等）的积累，酚类是杀菌性物质，又是木质素形成的前体，酚类增多，既杀菌、抗菌、抗病，又使被病原侵害处木质化，从而增强抗病机能，提高树体自身免疫力，具有极好的抗逆、抗病性能。②壳聚糖具有优良的成膜性和附着性，在种子、烂根、伤根或滞根表面形成保护膜，既保持种子水分，修复受损根系，激活滞根，又隔绝土传病菌入侵。

活性钙：可以补充土壤中的钙离子，防止土壤板结，改善土壤结构，调整酸碱平衡，提高土壤保水供水能力。

虾红素：是天然着色剂，可使果实色泽鲜艳、有光泽。

虾脑磷脂：可调节叶片气孔的开张度，在干旱时减少水分蒸腾，提高植株抗病抗旱能力。

目前，水溶性虾肽氨基酸肥料主要有以下两种：

（1）**虾肽根宝**（图4-19）富含虾头提取的内源营养，包括虾红素、虾肽氨基酸和活性钙等成分。在酸性土壤单独施用，可快速降低土壤酸度，大量培养有益微生物，改善土壤生态环境条件，提高土壤养分利用率，抵制病菌、线虫繁殖，促发新根，增强根系吸水和吸肥能力。可在各个生长期兑水1 500 ～ 2 500倍淋土淋根。施用后10小时，才能施用其他肥料。

（2）虾肽特护（图4-20）针对土壤环境恶化而用虾头为原料生产的氨基酸甲壳素肥料。富含甲壳素、壳聚糖、多种活性氨基酸、活性钙等成分。具有活化土壤、增殖有益菌、增强免疫力、促根促长、促进果实着色、提高果实钙含量、口感好等作用。可在柑橘各生长期兑水300 ～ 400倍淋根。

图4-19 虾肽根宝

图4-20 虾肽特护

三、树冠管理

（一）适宜的树形

品种不同，其适宜的树形也不相同。因此，整形修剪时要根据不同的品种采用不同的树形，以达到早结果早丰产的目的。实践证明，柑橘的树形一般采用下面两种较适宜。

1.**自然圆头形** 干高35 ～ 40厘米，有明显主干，树冠较高，主枝5条左右，主枝分布均匀，呈放射状，主枝上配置副主枝2 ～ 3条（图4-21）。修剪以短剪为主，枝条多向上斜生，分枝多，生长量较大，容易形成树冠，树冠较紧凑、圆头形，幼年树容易结果，果实分布均匀。随着树龄的增长，树冠内膛容易荫蔽，导致枯枝、弱枝、病虫枝多，光照不足，如不注重修剪容易出现内膛空、平面结果现象。

2.**自然开心形** 干高40～50厘米，有明显主干，主枝3～5条，主枝上留副主枝3条左右，主枝、副主枝分布错落有致（图4-22）。这种树形有主干，树冠较矮，主枝和副主枝较少，修剪时有意识少短剪，尽量保留长枝条，加大分枝角度，促使树形开张，同时将树冠叶幕层剪成波浪状（图4-23），有利于通风透光，内膛光照条件较好，枯枝、病虫害少。

图4-21　自然圆头形树冠

图4-22　自然开心形树冠

图4-23　叶幕层波浪形有利于通风透光

（二）整形修剪

1.**整形修剪方法**　整形修剪方法主要有除萌、摘心、抹芽、短剪、疏剪等。

（1）除萌　将从砧木上萌发的嫩梢抹掉或剪除（图4-24）。

（2）摘心　在新梢自剪前将嫩梢顶芽摘掉，防止新梢过长，促进新梢转绿、老熟（图4-25）。

图4-25　摘　心

图4-24　剪除砧木上的萌芽

（3）抹芽控梢　在统一放梢前，将提前、零星抽出的嫩梢及时抹掉，待60%以上的新梢萌发时再统一放梢（图4-26）。

（4）短剪　在统一放梢前10～15天，将过长或过弱的基枝剪去1/5～2/3，促进基枝抽发健壮新梢（图4-27）。

图4-26　人工抹除零星抽出的嫩梢

图4-27　短　剪

（5）疏剪　在嫩梢抽出后，将过多、过密的弱小嫩梢人工疏除，以使留下的嫩梢生长健壮（图4-28，图4-29），或将成年密闭果园中树冠内膛直径1～3厘米的交叉大枝从分枝处锯掉或剪掉。

图4-28　人工疏芽

图4-29　疏剪过多的枝条

2. 一年生幼树的修剪

（1）修剪目的　裸根苗定植第一年，根系恢复生长慢，幼树抽梢能力弱，往往春梢、夏梢和秋梢抽不整齐、抽得弱，有时当年只抽夏梢和秋梢。所以，当年修剪的目的主要是定好主干、留好主枝和副主枝，为丰产树形的形成创造条件。容器苗则不存在这一问题，其修剪目的是促发健壮新梢，尽快形成早结丰产型树冠。

（2）修剪要领　一年生树的春、夏、秋梢的修剪以轻剪为主。在春季定植时或定植后，要及时因树修剪。

首先，对无分枝的单干苗，可在离地面约40厘米高处剪顶（图4-30），待春梢抽出后，选留健壮、分枝角度及位置合理的2～4条春梢作主枝，多余的春梢抹掉（图4-31）。

图4-30　过高单干苗短剪主干

图4-31　疏剪后留3条分布均匀的春梢

其次，在春梢老熟后、放夏梢前5天左右，及时抹芽控梢，将春梢上抽出的单个夏芽及时抹掉，促其抽出2～3条夏梢作副主枝，多余的抹掉（图4-32）。

第三，在夏梢老熟后、放秋梢前10～15天，将过长的夏梢留约30厘米长短剪。秋梢抽出后只留2～3条健壮枝，多余的秋梢疏除（图4-33）。

图4-33　秋梢抽出后只留2～3条健壮新梢

图4-32　夏梢抽出后留2～3条，多余的抹掉

　　对具有2～4条或以上分枝、分枝部位适当的优质苗木，不需重新定干（图4-34）。在春梢、夏梢和秋梢抽出后，按照健壮枝留嫩梢2～3条、弱枝留1～2条的标准留梢，多余的嫩梢及时抹掉。

3.二年生幼树的修剪

　　（1）修剪目的　裸根苗种植后的第二年，根系已完全恢复，当年的各次新梢抽出较整齐、数量也较多，金柑、沙糖橘、茂谷柑、W.默科特、沃柑、明柳甜橘和马水橘等往往开始有花。修剪的目的主要是促使树冠早日形成，为早结果奠定良好的基础。因此，这时的修剪任务主要是培育开张树形、促发新梢、确保新梢多而健壮，及时摘掉花蕾。

图4-34　有分枝的健壮苗木在每次新梢抽出后留2～3条健壮新梢

（2）修剪要领　二年生树的修剪仍以轻剪为主。

首先，在春梢抽出后，选留健壮的春梢2～3条，多余的春梢抹掉。树势健壮的树，不仅春梢数量较多（图4-35），而且春梢也较长，特别是没有花蕾的幼树更明显。因此，对健壮树的春梢，要及时疏除过多的嫩梢（图4-36），在嫩梢自剪前还要将超过40厘米长的嫩梢及时进行摘心或短剪。

图4-35　春梢过多　　　　　图4-36　疏梢后只留3条健壮梢

其次，二年生树一般会开花，但树冠太小，故宜在现蕾期将花蕾摘掉，或在上年花芽生理分化前叶面喷施适当浓度的九二〇溶液抑制花芽分化，以免消耗养分，影响春梢生长，导致春梢偏弱，树冠扩大慢。

第三，在春梢老熟后、放夏梢前7天左右，及时抹芽控梢，将春梢上抽出的零星、单个夏梢及时抹掉，待60%以上的夏梢萌芽时再统一放梢，以促使大部分的春梢都能抽出2～3条夏梢，夏梢抽出后，多于2～3条的夏梢及时抹掉（图4-37，图4-38）。

第四，在夏梢老熟后、放秋梢前10～15天，将过长的夏梢留35～40厘米长进行短剪（图4-39）。秋梢往往抽发不整齐，需继续抹芽控梢。秋梢抽出后，每条夏梢上留秋梢2～3条，多余的及时抹掉。

为了保证秋梢健壮、正常转绿老熟，顺利进行花芽分化，为三年生树的开花结果奠定基础，放秋梢的时间不能过迟。在桂北

图4-37 夏梢抽出数量过多

图4-38 疏梢后只留3条健壮梢

图4-39 短剪过长的夏梢

地区，一般在7月底、8月上旬开始统一放秋梢。

山地大面积果园，由于灌溉水不足，放秋梢期间容易遇到干旱天气，可提前至7月中下旬放秋梢。

在桂南、海南、广东南部等高热量产区，肥水充足的幼树一年可萌发5次梢，即春梢、夏梢、晚夏梢、秋梢和晚秋梢。除了进行疏梢、抹芽控梢、摘心和短剪外，关键要计划好晚秋梢的放梢时间，确保晚秋梢在10月下旬至11月上旬充分老熟，否则不利于花芽分化，翌年花量少。

第五，秋梢老熟后，若冬季温度较高，往往容易抽出冬梢，影响花芽分化。因此，要及时将冬梢抹掉。

第五章
结果树的管理

　　沙糖橘、马水橘、金柑、明柳甜橘、茂谷柑、W.默科特、沃柑结果早，投产快，产量高，特别是沙糖橘、马水橘、明柳甜橘、茂谷柑、W.默科特和沃柑，种后第四、五年亩产可达 3 000～5 000 千克甚至更高。要获得高产优质，除了高标准建园、加强病虫害防治以外，种植后的田间管理措施特别是树冠管理技术是否科学、合理，是否及时、到位，就成为柑橘能否持续获得高产优质高效的极其重要的因素，因此，必须加强对结果树的管理，通过科学的整形修剪、合理的肥水管理培养通风透光良好、结果母枝多而健壮的丰产树形，通过保花保果技术的应用做到多结果、年年结果，最终达到丰产、稳产、优质、高效的目的。

一、树冠管理

（一）根据品种的不同，培养量多质优的结果母枝

　　沙糖橘、马水橘、明柳甜橘、茂谷柑、W.默科特、脐橙、夏橙、沃柑主要以秋梢为结果母枝（图5-1），金柑、滑皮金柑则以春梢和少部分夏秋梢为结果母枝（图5-2）。因此，如何培养数量充足、充实健壮的秋梢或春梢作为结果母枝就十分关键，其数量和质量关系到翌年的产量和质量。要根据树龄、树势、挂果量培

图5-2 金柑的春梢结果母枝

图5-1 沙糖橘的秋梢结果母枝

养好结果树各个阶段的结果母枝。一般要求青年结果树培养100～120条、长度30～40厘米，成年结果树和老年结果树培养150～200条、长度25～40厘米，叶片浓绿、健壮充实、无病虫害的结果母枝。

（二）适时放梢，培养健壮的结果母枝

放秋梢时间要根据树龄、树势、结果量、立地条件和气候条件而定。沙糖橘、马水橘、茂谷柑、W.默科特、脐橙、夏橙、沃柑以秋梢为主要结果母枝，如放梢太迟，秋梢不充实，影响花芽分化与结果；放秋梢过早容易促发晚秋梢或冬梢（图5-3），影响花芽分化与翌年的花量。所以，对沙糖橘、马水橘、明柳甜橘、茂谷柑、W.默科特、脐橙、夏橙和沃柑来说，结果多、树势弱或山地缺水果园，适宜在大暑至立秋前放秋梢；对结果少、树体健壮、水田栽培或灌溉条件好的果园，则可在立秋后至处暑前放秋梢。金柑、滑皮金柑则重点培养充实的春梢为结果母枝，在春梢

图5-3　放秋梢过早致抽冬梢

萌芽前及时完成修剪、施肥、淋水等工作。

（三）合理修剪

第一，在放秋梢前15～20天，对树冠中上部丛状密生枝、旺长枝、徒长枝、落花落果枝、弱枝、病虫枝进行适当短剪或疏剪（图5-4至图5-6），促发更多健壮秋梢抽出。对结果过多的树，应疏去部分皮厚、粗糙、过大、品质低劣和畸形的果实及树冠顶部外露的正常果实。同时，剪除病虫枝、枯枝，减少养分消耗，促发秋梢。第二，在金柑、滑皮金柑采果后及时进行修剪，重点对树冠中上部的结果枝、落果枝、

图5-4　短剪徒长枝

徒长枝、弱枝进行适当的短剪，促发健壮的春梢，确保当年结果母枝的数量和质量。不同阶段结果树的修剪方法如下。

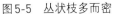

图5-5　丛状枝多而密　　　　　图5-6　疏剪丛状枝,只留3条壮梢

1.初结果树的修剪　初结果期树的营养生长仍较旺盛,其树冠仍需要继续扩大,在修剪上要以轻剪为主,因品种采取"抹控夏梢、培养晚夏梢或秋梢、抑制冬梢"来平衡营养生长和生殖生长的关系。同时,通过整形修剪培养早结、丰产、稳产的树形,逐年提高产量。

（1）抹芽控梢　沙糖橘、马水橘、明柳甜橘、茂谷柑、W.默科特、脐橙、夏橙特别是沙糖橘、脐橙初结果树春夏梢量多而旺盛,往往在春梢老熟后生理落果未结束前,夏梢大量萌发而容易大量落果（图5-7至图5-10）。因此,第一,要调控春梢抹除夏梢。调控春梢主要是通过疏除过多的无花春梢和徒长枝,剪除一部分生长旺盛难于坐果的树冠顶部的春梢（图5-11,图5-12）。第二,当夏梢抽出2～3厘米长时及时抹除（图5-13）,每3～4天抹一次,直到立秋或处暑前后再统一放秋梢。抹梢要按照"去零留整、去早留齐、去少留多"的原则,通过抹芽、控梢、打顶,削弱营养生长,平衡生殖生长,确保坐果。在春梢、夏梢和秋梢生长期间,树冠顶部部分健壮的基枝容易抽生过多的嫩梢,导致丛状枝

图5-7 结果少又偏施速效氮肥导致夏梢大量抽生

图5-8 夏梢抽出过早增加沙糖橘的生理落果

图5-9 夏梢大量萌发引起沙糖橘严重落果

图5-10 成年结果树抽生大量夏梢致结果少

（图5-14）、扫把枝（图5-15）的出现，因此，在新梢刚抽出 2 ～ 3 厘米长时，可按照"去弱留强、去密留稀、留梢 2 ～ 3 条"的原则，将过弱、过密、过多的嫩梢疏掉（图5-16），以免造成树冠郁闭。

图5-11　马水橘结果树春梢过多过长
　　　　影响坐果

图5-12　沙糖橘结果树春梢过多

图5-13　初结果树春梢过多过长，应
　　　　在2～3厘米长时将无花的
　　　　春梢疏除

图5-14　丛状枝

图5-15 扫把枝

图5-16 抹芽疏梢后留2～3条健壮、分枝角度好的嫩梢

茂谷柑、W.默科特和沃柑初结果树容易结果过多，严重影响树势、夏秋梢难以抽出。可通过增施速效肥料，促发健壮的晚夏梢，既可适当加重生理落果，又可扩大树冠、减轻日灼。如果留了晚夏梢结果还过多，可在6月上中旬实施人工疏果，以免结果过多造成果小、树势差、秋梢抽不出（图5-17），严重影响翌年产量。

图5-17 沃柑结果过多秋梢难以抽出

（2）**适当控制树冠** 初结果树的修剪除继续整形培养开张的树形外，还要注意控制树冠，勿让树冠扩大过快导致株间、行间交叉，影响通风透光。因此，初结果树的修剪要继续以轻剪为主，因为重剪势必促使新梢多而壮。除了疏剪过密的梢外，正常的春、夏和秋梢一般都不用重剪，仅在每次梢老熟后、放新梢前10～15天将2/3左右基枝顶端带3～4片叶短剪即可。对结果多的茂谷柑、W.默科特、沃柑、马水橘、明柳甜橘，则需在夏季修剪

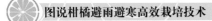
时对树冠外围、中上部部分营养枝、弱枝、落花落果枝，进行适度的重短剪促其分枝或萌发健壮晚夏梢和秋梢，而丛状枝可留其中分枝角度好的2～3条（图5-18，图5-19），多余的疏掉。

图5-18　丛状春梢

图5-19　丛状枝疏梢后留3条健壮枝

图5-20　夏梢过早过多抽出导致沙糖橘生理落果多

沙糖橘、脐橙结果树常因夏梢抽得早而多导致异常落果（图5-20）。因此，这两个品种的夏梢应视情况及时抹掉一部分或全部抹除。同时，可在谢花后的4月下旬至5月初，当春梢转绿老熟后，对主枝进行环割，减少夏梢的抽发。一旦夏梢抽出的数量过多（图5-21），则须疏掉一部分，以免引起过多的落果。

（3）适时放梢　初结果树

放梢时间应根据树龄、树势、结果量来决定，原则是：对结果多、树势弱的可早放梢，结果少、树势旺的可迟放梢。初结果树放秋梢时间不能太迟，放梢太迟，新梢不能及时转绿老熟，会影响翌年的花量与质量，不利于保花保果。因此，要根据本地的气候条件和立地情况灵活掌握放梢时间。放梢前后，注重淋施速效肥料，如沤制过的麸水、沼液和冲施肥等淋施2～3次。干旱季节，还要防旱，否则会影响秋梢的

图5-21　夏梢过多过密

生长发育。秋梢老熟后，配合栽培管理适当控水，抑制冬梢萌发，利于花芽分化，增加翌年花量。

2.**盛果期的修剪**　进入盛果期后，营养生长与生殖生长达到相对平衡，也是结果量和果实品质表现最佳的时期。随着树冠逐年扩大，树冠内枝条密集变细变弱，出现干枯枝（图5-22），尤其是果园封行后，枝条相互交叉荫蔽，通风透光性差，容易出现平面结果，果实变小，着色变差，品质变劣，产量逐年下降，果园管理难度加大。此时，要通过疏剪减少交叉或短剪更新衰弱枝组，改善树冠通风透光条件，提高结果母枝质

图5-22　树冠荫蔽导致光照差枯枝多

量，增强内膛结果能力，实现立体结果，达到延长结果年限的目的。

（1）冬季修剪　冬剪修剪适宜在冬末春初进行，在采果后至春梢抽发前15～20天完成，一般在11月至翌年2月上旬春梢萌芽前完成为宜。以春梢为主要结果母枝的金柑尤其要注重冬季修剪，通过冬季的疏剪、短剪促发优质的春梢。①剪除枯枝（图5-23）、病虫枝，疏剪树冠中上部的交叉枝、扫把枝、丛状枝（图5-24），短剪无叶光秃枝（图5-25），疏剪或短剪徒长枝（图5-26）、营养枝（图5-27）。②适当短剪树冠中上部外围的结果枝、衰弱枝（图5-28），对空旷的树冠内膛的多年生、直径为0.8～1.0厘米的衰

图5-23　树冠内膛干枯枝须及时剪除

图5-24　疏剪丛状枝

弱交叉大枝，可留长20～30厘米的基枝进行短剪，以促发新梢，更新树冠内膛及中下部结果枝组；对内膛荫蔽的交叉枝，可视荫蔽程度将直径2.0～4.0厘米的直立、交叉大枝从基部锯掉（图5-29），让内膛空旷，俗称"开天窗"（图5-30）。此外，还可以将株、行间严重交叉的大枝锯掉1～2条，以改善内膛、株间及行间的通风透光条件。③对空旷的树冠内膛健壮枝要适当保留，病虫

图5-25　短剪无叶光秃枝

图5-26　短剪徒长枝

图5-27　短剪树冠外围的营养枝

图5-28　短剪衰弱枝

枝、枯枝剪掉，短剪徒长枝、弱枝促发新梢。④对树冠中下部及内膛的一些衰弱结果枝、结果母枝，可在采果时实行"一果两剪"将其全部剪去，以减少养分消耗。⑤对整株树已衰弱的结果树，可

图5-29　疏剪内膛直径2～4厘米的交叉大枝

图5-30　沙糖橘密闭树顶部开天窗

在冬春季节，春梢萌芽前25天左右，重回缩外围结果枝或结果枝组，促发健壮的春梢（图5-31，图5-32）。

图5-31　冬季短剪树冠外围徒长枝后抽出健壮春梢

图5-32　冬季回缩弱树促发健壮春梢

（2）夏季修剪　夏季修剪的目的，主要是促使树冠抽出健壮的秋梢结果母枝。夏剪一般在放秋梢前15～20天进行。修剪方法以短剪为主、疏剪为辅。①晚熟品种采果迟，对冬春季来不及修剪的树要采取疏剪和短剪相结合的方法，对树冠中上部外围的弱枝、营养枝进行短剪，将交叉枝、重叠枝、丛状枝进行适当的疏剪（图5-33），促其抽出健壮的秋梢。②短剪树冠中上部外围的营养枝、落花落果枝（图5-34，图5-35，图5-36）、弱枝和部分健壮营养枝或枝组，以更新结果枝组。对树势较弱的树，应进行重剪，促进新梢萌发，恢复树势。③对丰产树树冠外围较密的骨干枝、分枝要适当疏剪，适当短剪或疏剪二至三年生的直立或交叉大枝（图5-37），使树冠形成凹凸的波浪形（图5-38），有利于改善树冠光照和通风条件，提高树冠内膛结果能力。同时，对树冠内膛和

图5-33　疏剪树冠内膛过密的交叉大枝

图5-34　夏季短剪营养枝，促发健壮秋梢

图5-35　夏季短剪中等长的落花落果枝

图5-36　夏季短剪长落花落果枝

图5-37 疏剪株间大枝

图5-38 波浪形树冠

下部过多的细弱枝应疏掉，以减少养分消耗。

3.封行树的修剪 果园株行间封行后，由于通风透光差，容易造成树冠荫蔽，内膛枯枝、病虫枝多，2～3年内就会出现内膛空虚（图5-39），由立体结果逐步转为平面结果，产量不断下降，品质变劣。为此，修剪应采取：①在采果后进行隔株间伐或株行间大枝修剪（图5-40），改善通风透光条件。②在每年的冬季、夏季修剪时对株行间无果的交叉大枝、枝组进行适当的回缩修剪或疏剪（图5-41），保持株间、行间能通风透光。③夏季、冬季修剪时在树冠中下部的不同部位特别是株间、内膛和行间枝条

图5-39 株行间交叉后出现内膛空虚

图5-40 锯掉株间交叉大枝

容易交叉处选择10～15条直径在0.5～2厘米的落花落果枝组、直立枝、丛状枝、交叉枝进行疏剪，使树冠表面形成凹凸的波浪树形。也可在计划砍伐树的树冠一侧或两侧，锯掉1～2条直径2～4厘米的大枝，使该侧留出足够的空间用于通风透光，改善通透条件，避免隔株间伐造成大的损失，逐步恢复立体结果，提高产量。

图5-41　行间回缩修剪

4.衰弱树的修剪　进入盛果期6～8年后，随着树龄的增长，如果栽培管理不当，容易造成早衰，树势衰弱，新梢细、短、弱，产量下降，果实品质变劣，其成因主要有：①果园土壤条件差，土壤改良措施不到位，粗种粗管，树冠外围的新梢短小、细弱，叶片薄、无光泽，内膛无叶枝、干枯枝多，树势差挂果量少。②由于密植果园郁闭，株行间枝条交叉，植株枝梢向上生长，树冠内膛通风透光差，病虫枝、干枯枝多，形成平面结果，产量逐年下降。针对这种情形，修剪上应采取回缩修剪为主，同时加强土壤改良和肥水管理，以尽快恢复树势。

（1）回缩修剪方法

①主枝更新　主要针对衰退程度较重或衰退程度轻但已封行多年、大枝过多、上强下弱、外强中空的树而言。修剪时将离地面高80～100厘米处的3～5级骨干枝进行回缩（图5-42），促使主枝重新抽发新梢，主枝更新要经2年左右才能恢复树冠大小。主枝更新宜在春季进行，若在夏秋季节进行，要做好树干处理部位的保护，可用塑料薄膜包裹树干锯口来保护，防日灼、淋雨霉变。新梢萌芽时再将薄膜割开留出口子，以便新梢顺利抽出。

②露骨更新　主要针对树冠密闭、果园已封行的树，宜在春

图5-42　主枝更新

季进行中度回缩修剪，即在树冠中上部或外围，短剪直径2～3厘米的大枝，保留剪口下的侧枝和树冠内部的小枝，改善树冠通风透光条件，树冠经1年的恢复生长后基本成形。这样的修剪快捷、效果好，当年可恢复树冠，第二年可有一定的产量。同时，要加强栽培管理，通过摘心、抹梢、疏芽，促使新梢健壮，为翌年结果做好准备。

③轮换更新　主要针对衰弱程度较轻且仍能适量挂果的树或无花无果、树冠结构好、果园未封行的树。宜在采果后、春梢萌发前进行轻度回缩修剪，短截结果母枝，只留基部5～6张叶片。轮换更新一般在2～3年内分批完成，逐年轮换短剪。对已衰弱的枝组，可重短剪二至三年生的大枝，促发新梢。

（2）修剪时间　回缩修剪最适宜在春季进行，夏秋季进行亦可，春夏季气温较高，回缩修剪后恢复快，冬季回缩修剪常因低温霜冻造成剪口冻伤，所以在冬季温度低的产区不宜在冬季进行（冬季温暖的产区除外）。因此，中度回缩和重回缩修剪宜在春夏季进行。夏秋季重回缩修剪，需用遮阳网覆盖树冠，以防晒伤。对严重衰退的树，要在回缩修剪前加强肥水管理，待树势、枝梢适当恢复后再进行。开春后，回缩过的主枝和骨干枝会抽发大量的春梢，要做好疏梢保梢工作，避免出现扫把枝。

二、施肥

沙糖橘、马水橘、明柳甜橘、茂谷柑、W.默科特、沃柑、金柑、滑皮金柑结果早、产量高，对肥水的要求较高，如果肥水管理跟不上，就容易造成树体营养失调，树势衰退，产量下降，沙糖橘、马水橘、明柳甜橘、茂谷柑和W.默科特和沃柑还容易出现大小年。因此，应因地制宜，因树合理施肥。

（一）土壤施肥

土壤施肥要根据品种、树龄、树势、产量、季节、天气、土壤等不同情况进行，才能最大限度地发挥肥料的效用，确保丰产、稳产、优质。原则上采取追肥、化肥浅施，基肥、有机肥深施。

1.深翻改土，增施有机肥　每年冬季的12月至翌年1月采果后或夏季的6～7月，沿树冠滴水线下挖长80～100厘米，宽、深各40～60厘米的长方形坑，施入有机肥和化肥。肥料以有机肥为主，配施化肥。以株结果50千克的产量计算，每株施入绿肥、杂草、腐熟农家肥或牛粪等有机肥20～30千克、复合肥0.75～1.0千克、磷肥0.75～1.0千克、花生麸1～2千克、酸性土加石灰1.0～1.5千克，肥料与土要尽量拌匀施下，避免肥料过于集中造成伤根。深施重肥的位置需逐年轮换，保证土壤疏松肥沃，树体有足够的养分，为丰产、稳产、优质打下基础。

2.萌芽壮梢壮花肥　柑橘生长、开花结果周期长，生长量大，消耗养分多，而土壤养分有限，所以应及时通过追施肥料补充营养。可在春梢萌芽前10～15天，在树冠滴水线附近开深10～15厘米的环状沟，每株施入0.25～0.75千克尿素、0.5～1.0千克复合肥，同时淋施腐熟的麸水或沼液或冲施肥30～40千克，施后回土。

3.稳果壮果肥　春梢生长、开花坐果与幼果发育使树体养分大量消耗，而且新梢生长与花果之间还相互争夺养分导致落花落果。因此，对树势中庸或树势弱的茂谷柑、W.默科特、沃柑、金柑、马水橘、明柳甜橘要及时施稳果肥补充营养以减少落花落果，促进新梢转绿，提高坐果率。可在谢花2/3左右时或完全谢花后，开浅沟每株施入尿素0.10～0.25千克、复合肥0.15～0.5千克、硫酸钾0.2千克，同时淋施腐熟粪麸水、沼液或冲施肥30千克；但对树势健壮或过旺的树，则仅叶面喷施高钾叶面肥1～2次即可，以免夏梢大量抽出影响坐果。沙糖橘、脐橙除树势弱、幼果多的树需适当补充氮磷钾肥外，树势健壮的树不宜土施速效肥料，特别是尿素等速效氮肥，以免促发夏梢加重落果。树势正常的树，仅叶面喷施高钾叶面肥1～2次即可。

4.**壮果促梢肥**　在秋梢抽发前10～15天，沿树冠滴水线附近挖深10～15厘米浅沟，每株施入尿素0.25～0.50千克、复合肥0.5～1.0千克、腐熟花生麸2～4千克或优质生物有机肥5～7.5千克。此次施肥最好同时淋施腐熟花生麸水30～40千克。目的是保证树体有足够全营养养分，促进果实膨大和秋梢抽发，提高果实品质，为翌年开花结果创造条件。

5.**采果肥**　施采果肥的目的是恢复树势，为翌年开花结果作准备。一般在采果前后进行，树冠盖膜后往往不方便施肥，因此，为了既方便又能及时将肥料施下，可将采果肥提前至11月、树冠盖膜前施完。肥料以有机肥为主，配施适量化肥。按株产50千克计算，每株施农家肥20～30千克或半干的牛羊粪25～30千克或优质生物有机肥6～10千克、麸肥2～3千克、复合肥1～1.25千克，酸性土壤加石灰0.5～1.0千克。此次施肥可结合冬季深施重肥进行。

各次追肥的具体施肥种类与施肥量，需根据品种、树龄、树势、产量、土质、气候等情况灵活掌握。

（二）叶面施肥

大部分叶面肥可与农药结合使用，可减少劳力、节约开支，但使用时要查清农药及叶面肥使用的注意事项，以免降低药效和肥效。叶面肥的使用最适宜在新梢期和幼果期进行，并在阴天或下午3时以后喷洒效果更好。具体的叶面肥种类、使用时期与浓度详见第四章表4-1。

三、水分管理

在年生长周期中，水分是柑橘生长发育不可缺少的重要条件，它既是柑橘树体构成的主要成分，又是维持树体生命活动的必要条件。俗话说：收多收少在于肥，有收无收在于水。缺水会使植株萎蔫枯死，而土壤水分过多或湿度过大，则会造成烂根或发病落叶，导致植株衰退甚至死亡。因此，加强水分管理，对柑橘早结、丰产、稳产、优质具有重要的意义。

（一）合理灌水

在生产上，如果阴天叶片出现轻微萎蔫症状或在高温干旱天气条件下卷曲的叶片在傍晚不能及时恢复正常，就要及时淋水，保证树体正常生长发育对水分的需要。柑橘在春梢萌动期及开花期（2～4月）、果实膨大期（5～10月）对土壤湿度十分敏感。当土壤含水量沙土＜5％、壤土＜15％、黏土＜20％时，就要及时淋水。一般沙糖橘、马水橘裂果期在9月上旬至11月上旬，这个时期如遇到连续干旱，则每隔7～10天应淋水1次，保持土壤水分均衡，防止因缺水而影响果实膨大或久旱突降大雨导致裂果。同时，在夏秋冬季利用果园生草、树盘覆盖，保持土壤湿润。

（二）适时控水

一般柑橘在秋、冬季及秋梢老熟后要适当控水：一是防止水分过多，不利于花芽分化；二是抑制抽发晚秋梢和冬梢，使树体更好地积累养分；三是为了提高果实的含糖量，增进果实的风味，同时提高果实耐贮性，在果实采收前一个月内也要适当控制水分，保持土壤适当干旱。果实采收前的10～15天须完全停止灌水，以降低土壤含水量，提高果实品质。

（三）防旱排涝

长期干旱会使土壤水分大量减少，导致柑橘植株缺水，叶片褪绿、卷缩，果实生长发育停止，严重时引起落叶、落果、枝叶干枯等，甚至出现植株死亡现象。同样，柑橘受涝时间过长或果园低洼长期浸水，植株容易发生根系腐烂、叶片黄化、落叶、幼果褐变（图5-43）、落果甚至植株死亡（图5-44）等。因此，旱季要注意防旱，雨季注意防涝。主要措施有：第一，建园时搞好果园供水、排水系统，做到能灌能排；第二，改良土壤，每年通过深翻压绿肥，增加土壤肥力，改善土壤团粒结构，提高抗旱性，使土壤水分能排能蓄；第三，在干旱前和大雨过后，及时中耕松土，使空气进入土壤孔隙，可降低土温，减少水分蒸发；第四，在树盘覆盖稻草、杂草或薄膜（图5-45），减少水分蒸发，降低土壤温度；第五，果园生草栽培（图5-46），除树盘恶性杂草要铲除外，株间、行间及树盘非恶性杂草宜保留，或人工种植白花草等。

图5-43　长时间淹水导致叶枯、幼果褐变

图5-44　长时间淹水导致植株死亡

图5-45 果园树盘覆盖稻草

图5-46 果园生草栽培

四、保花保果

正确采取有效的保花保果技术措施是确保保花保果效果的前

提，要做到这一点，首先要掌握不同品种的结果习性。

（一）结果习性

1.**沙糖橘、马水橘、明柳甜橘、茂谷柑、W.默科特、沃柑、脐橙、夏橙开花结果习性** 沙糖橘、马水橘、明柳甜橘、茂谷柑、W.默科特、沃柑、脐橙、夏橙的花芽为混合花芽或纯花芽，雌雄同花，为完全花，自花结果。青壮年树以秋梢为主要结果母枝，衰老树春梢、夏梢和秋梢均可成为结果母枝；结果枝着生在结果母枝中上部，结果枝直接开花或先长几片叶再开花，花可分为无叶花（图5-47）、有叶花（图5-48，图5-49）两种类型。无叶花，有花无叶、养分竞争矛盾小、坐果率高；有叶花着生在结果母枝当年抽生的春梢上，开花前后，春梢、花、幼果相互争夺养分，容易引起落花落果。

2.**金柑开花结果习性** 金柑的花芽为混合花芽或纯花芽，雌雄同花，为完全花，自花结果，花小而多，有单花、双花及花序花。以单花或双花结果为主，花序花坐果率较低。金柑一年多次开花结果，春、夏、秋不同季节抽出的枝梢均可分化花芽，开花结果，但以当年春梢结果母枝为主，部分夏秋梢也可成为结果母

图5-47 沙糖橘秋梢结果母枝上的
无叶花

图5-48 沙糖橘的有叶单花

枝。花期5～9月，尤以第一批、第二批花坐果率高、果实品质好、果形大、着色漂亮，而第三、第四批花果实小、品质稍差，这与果实生长发育期较短、气温下降有关。

图5-49　马水橘的无叶花与有叶花

（二）保花保果技术

影响柑橘落花落果的因素很多，如内源生长激素不足、长期低温阴雨、缺乏光照、异常高温、栽培管理不当、树势衰弱、养分供应不足、树势生长过旺、砧木不当、新梢过多与花果争夺养分、病虫害严重、干旱、淹水、霜冻、药害等都会导致落花落果。因此，如何根据落花落果原因及时采取保花保果技术措施非常重要。主要的保花保果技术有：

1.培养优质的结果母枝　沙糖橘、马水橘、明柳甜橘、茂谷柑、W.默科特、沃柑等品种，主要以秋梢为结果母枝，因此，在上一年攻秋梢时，除了施足水肥外，应及时进行夏季修剪，促发量多质优的秋梢，保证结果母枝的数量和质量（图5-50）；金柑则以当年春梢为主要结果母枝（图5-51），所以，一定要通过高质量的冬季或春季修剪、冬春季及时施肥来促进春梢萌发与生长。只有结果母枝数量足质量优，才能保证花芽分化顺利进

图5-50　量多质优的结果母枝是翌年高产优质的基础

图5-51　金柑的春梢结果母枝与花蕾

行，提高花的质量，为提高坐果率奠定基础。

2.花前施肥　主要作用是提高花的质量，提高坐果率。柑橘从花芽分化开始到新梢萌芽至开花结果，树体消耗了大量的营养。特别是采用避雨避寒栽培技术后，沙糖橘、马水橘、明柳甜橘、茂谷柑、W.默科特、夏橙、沃柑、金柑留树保鲜时间长，更要及时补充足够的养分，才能保证树体正常生长和开花结果。因此，在春梢萌芽前15天左右，沿树冠滴水线附近开环沟施1次花前肥，肥料种类与用量详见前述施肥部分。特别是衰弱树，要加强肥水管理，增强树势，改善树体营养状况。

3.疏春梢　在沙糖橘、夏橙、脐橙等现蕾期，人工疏除过多的春梢，把部分春梢营养枝抹去，可减少落蕾落花。

4.根外追肥　在花蕾期、谢花期和幼果期分别进行根外追肥，能及时补充养分，减少落花落果。在花蕾期喷施0.2%～0.3%尿素液加0.2%磷酸二氢钾加0.1%硼砂或速乐硼1 000倍液，每隔10～15天喷1次，连喷2次。谢花后可喷1次0.3%～0.4%复合肥液加含中微量元素的叶面肥，促进春梢尽快转绿老熟，提高坐果率。

5.花期摇花　春季雨水多，开花后花瓣和花丝容易粘附在子房和花托上，影响幼果果皮转绿，或因灰霉病为害造成小果腐烂而落果。因此，可在谢花期间摇花1～2次，把凋谢的花瓣摇落（图5-52）。

6.植物生长调节剂保果　在柑橘开花、生理落果期，根据品种的不同，特别是对无核的品种，适当喷施植物生长调节剂能有效减

少落花落果，提高坐果率。出
现异常天气时，更要注重生长
调节剂的应用。

（1）植物生长调节剂的种
类　生产上应用较多的主要是
赤霉素（九二〇）、芸薹素内酯、
细胞分裂素、复硝酚钠（爱多
收）、防落素（B9）、2,4-D等。

（2）植物生长调节剂的使
用时期　在使用前必须了解植
物生长调节剂的有效成分、含

图5-52　摇花前后对比

量与使用方法，然后根据落花落果和天气等情况使用。如春季低
温阴雨，天气异常，为提高花的质量，在现蕾期至谢花期间，宜
用芸薹素内酯、细胞分裂素、爱多收等；谢花后至第二次生理落
果期落果最为严重，此时应喷施赤霉素、防落素、2,4-D，效果明
显。喷时要对果面、果梗、蜜盘均匀喷洒。赤霉素有粉剂和水剂
两种，粉剂为无色结晶粉末、不溶于水，要先用少许酒精或高度
白酒溶解后使用，水剂则按使用说明的指定浓度使用即可。

（3）植物生长调节剂使用浓度及次数　使用植物生长调节剂
要严格控制浓度和次数，不能随意增加或减少，浓度超过100毫克/
升时过大易产生药害。生产上有的果农滥用植物生长调节剂，把
四五种保果药剂加入几种叶面肥混合喷施，有的则从现蕾开始至
幼果膨大期间，每10～15天喷1次，持续2～3个月喷5～6次
植物生长调节剂加叶面肥，这种做法既浪费又达不到应有的效果。
如用九二〇每克加水15～20千克、1克2,4-D加水50～80千克，
连续使用多次，多种植物生长调节剂加叶面肥混合使用，容易刺
激果皮变粗、变厚，出现浮皮现象，2,4-D浓度过大，导致果实畸
形或僵果。

正确的使用方法是1克九二〇加水25～38千克、1克2,4-D加

水100～113千克、5%芸薹素内酯与细胞分裂素用1000倍液、爱多收用3000倍液，使用1～3次为宜。

7.控制夏秋梢 控制夏秋梢的目的是平衡营养生长与生殖生长，减少落花落果。夏梢大量萌发与生长会加重沙糖橘、脐橙、马水橘、明柳甜橘、茂谷柑、W.默科特、夏橙、沃柑、金柑特别是沙糖橘和脐橙的生理落果，因此，必须控制夏梢的大量萌发。5～7月，沙糖橘、马水橘、脐橙、夏橙、茂谷柑、W.默科特、沃柑在谢花30～40天后开始萌发夏梢。为防止大量夏梢抽出消耗养分而引起落果，必须适度控制夏梢。但在树势、天气正常的情况下，马水橘、茂谷柑、W.默科特、沃柑往往因结果过多，夏梢难以抽出，一般不存在控制夏梢问题。相反，有时需要通过疏果、增施速效肥料、短剪才能促进晚夏梢萌发，以防结果过多，增强树势，减少茂谷柑、W.默科特和沃柑的日灼果。常用的控制夏梢措施有：①控制施肥量。4～6月，对树势健壮的树，可以少施肥或不施肥，特别是控制施用氮肥等，可避免或减少夏梢抽发。②人工抹梢。由于沙糖橘、马水橘、脐橙、夏橙、W.默科特、沃柑夏梢萌发力强，当夏梢长2～3厘米时要及时抹除过多过密的嫩梢，每隔5～7天抹1次，一直抹到7月上中旬为止。③以果控梢。沙糖橘、马水橘、脐橙、夏橙、茂谷柑、W.默科特、沃柑可以通过合理施肥、保果、环割等措施，增加结果量，使树体绝大部分养分集中供应果实生长发育的需要，从而控制夏梢数量（图5-53），达到以果控梢的目的。对于以果控梢的树，要在放秋梢前10～20天，适当疏去树冠中上部过多的果实，尤其要疏掉树冠中上部的单顶果、大型果、畸形果和病虫果，确保能放出健壮的秋梢。④以梢控梢。在夏梢萌发时对树冠顶部不结果的枝条留一部分夏梢任其生长，消耗树体少量养分，利用顶端优势减少后续夏梢萌发的数量，达到控梢目的（图5-54）。⑤药物控梢。人工抹梢成本高，利用药物控梢见效快、效果较好。在夏梢萌发前或抽出1～2厘米长之前喷杀梢素、控梢素能有效杀死已萌发的夏梢，抑

图5-53　果实累累致夏梢难以抽出

图5-54　树冠顶部先抽出的夏梢不抹掉，控制后面的夏梢抽出

制夏梢生长（图5-55）。生产上用来控梢的药物有氟节胺、青鲜素（抑芽丹）、多效唑、防落素（B9）、2,4-D等。这些药物控制柑橘

图5-55　杀梢素杀梢效果

夏梢生长的效果各异，一般连续喷2次可有效抑制夏梢的生长。但使用药物控梢，要了解不同厂家药物的使用注意事项，要先试后用，严格控制使用浓度，切忌浓度过高，避免在高温条件下使用，同时不能与叶面肥、农药混合使用，以免引起药害，造成不必要的损失。

另外，秋梢抽出太早且太多时，也会导致沙糖橘或脐橙的生理落果（图5-56），造成不必要的损失。因此，对树势较旺、结果不太多而又容易抽出新梢的树，为避免因抽出太多的秋梢造成落果，在6～7月施肥时宜严格控制施肥量和施肥次数，最好不要大量施用速效肥料，仅以

图5-56　过早放秋梢引起沙糖橘大量落果

适当的叶面肥补充即可。

8.**环割保果** 在柑橘的花期、幼果期进行主干或主枝环割,保果效果明显。通过环割暂时阻断树体光合产物向根系输送,增加叶片光合产物的积累和幼果的养分供应,从而起到保果的作用。环割保果技术主要用于沙糖橘和马水橘。

(1)**环割保果的效果** 2014—2015年笔者在桂林开展了不同环割处理对沙糖橘保果影响的试验,试验共设5个处理。

处理1:环割1次,即在幼果果皮大部分转绿时在主干上环割1次,环割1圈(图5-57)。

处理2:环割2次,即在幼果果皮大部分转绿时在主干上环割1次,15天后再环割1次,每次环割1圈。

处理3:环割3次,即在幼果果皮大部分转绿时在主干上环割1次,15天后再环割1次,15天后环割第三次,每次环割1圈。

处理4:环剥1次,即在幼果果皮大部分转绿时在主干上环剥1次,环剥1圈,剥口宽度1毫米,剥后用塑料膜包扎剥口(图5-58)。

CK(对照):不做任何处理。

图5-57 在主干环割1圈

图5-58 沙糖橘环剥保果后用塑料薄膜包扎环割口

结果表明（表5-1），4个处理的保果率均高于对照，其中处理3最高，达到36.54%，依次为处理2的25.61%、处理4的23.43%和处理1的14.14%，CK最低，仅为9.58%；除处理1外，处理3、处理2和处理4的保果率均显著高于对照。

表5-1　不同环割处理对沙糖橘的保果效果

处理	幼果量（个）			坐果数（个）			保果率（%）		
	2014	2015	平均	2014	2015	平均	2014.8	2015.10	平均
1	1 401.67	756.33	1 079.00	53.00	172.67	112.84	3.83ABbc	24.44Bbc	14.14Bbc
2	1 382.33	543.33	962.83	52.33	260.67	156.50	3.88ABbc	48.33ABab	25.61ABab
3	1 853.67	438.33	1 146.00	92.00	304.67	189.84	5.05ABab	68.03Aa	36.54Aa
4	1 374.67	680.00	1 027.34	87.33	280.67	184.00	7.07Aa	39.78ABbc	23.43ABb
CK	1 610.33	1 036.67	1 323.50	27.67	152.67	90.17	1.7Bc	18.03Bc	9.58Bc

注：表中大写英文字母表示1%水平极显著差异，小写字母表示5%显著差异。

试验结果表明，在出现长期低温阴雨天气、光照极少时（2014年），处理4即在幼果果皮大部分转绿时在主干上环剥1次、环剥1圈、剥口宽度1毫米对沙糖橘保果效果最好，极显著高于对照，环割3次的保果效果次之，显著高于环割1次的处理1、环割2次的处理2和不环割的对照，而环割1、2次与对照间的保果率无显著差异；在光温天气正常时（2015年），在幼果果皮大部分转绿时在主干或主枝上环割3次的保果效果均极显著高于环割1次的处理1和不环割的对照，显著高于环割2次的处理2和环剥1次的处理4，处理2的保果率为48.33%，显著高于CK。

（2）环割的时间　在幼果果皮基本转绿时开始环割2～3次或环剥1次，每隔10～15天割1次，对提高沙糖橘的坐果率具有显著的效果，但同时会抑制秋梢的萌发与生长，且环割次数越多或越重（环剥）影响越大。在天气与树势均正常的情况下，沙糖橘的保果以在主干或主枝上环割2～3次为宜（图5-59）；在长期阴雨天气情况下，则环割3次或环剥1次即可获得显著的保果效果。头年结果多、树势较弱的树不宜环割。一般不提倡环剥保果，因为环剥容易伤树，严重影响树势。

如果确实因树势太旺如酸橘砧沙糖橘青壮年结果树或在长期低温阴雨寡日照、生理落果严重的情况下，需要进行环剥时，则要注意控制剥口的宽度与深度，其宽度以1～2毫米、深度以刚达木质部为宜，如宽度过大，应及时用塑料薄膜进行包扎保护，促进剥口及时愈合（图5-60）。

图5-59　在主干主枝环割　　　图5-60　环剥过宽剥口不愈合造成落叶

（3）环割的方法　用环割专用刀（0号或1号）或其他锋利的刀具，在主干或主枝的光滑处环状割断皮层1～2圈，环割深度以割断韧皮部不伤及本质部为度，在主干上环割，宜在离地面30厘米以上的部位进行，以免环割伤口受感染而腐烂。

五、防日灼

在高温季节，沙糖橘、脐橙、茂谷柑、W.默科特和沃柑特别

图5-61 沃柑日灼致果皮灼伤

是茂谷柑、W.默科特和沃柑容易因太阳强辐射而导致果皮、果肉灼伤（图5-61，图5-62），严重影响果实外观与内部品质。为减少或避免日灼果，可采用如下措施：

1.多放强壮晚夏梢与秋梢，减少果实外露 茂谷柑、W.默科特和沃柑放晚夏梢及秋梢前，适当重剪树冠中上部营养枝及

图5-62 日灼致果实外观受严重影响

顶部结果母枝或结果枝，配合施用充足的速效肥料特别是含大量元素与中微量元素的冲施肥、麸水或沼气液，促发健壮的晚夏梢、秋梢（图5-63），增加树冠顶部的营养枝叶，遮挡外露的果实，从而减轻或避免日灼果。

2.适当疏掉树冠中上部外露的果实 在结果过多的情况下，

图5-63　放大量秋梢减少沃柑日灼损伤

为了减少小果，避免出现大小年，需要合理疏果。在这种情况下，可优先疏掉树冠中上部暴露在太阳辐射下的果实，既可减少日灼果，又可以促进秋梢的萌发。

3.合理喷洒离子果膜　进入6月后的高温季节，用离子果膜7～16倍液（图5-64）喷洒树冠外围外露的果实或整株2～3次，每次间隔25～30天，可有效减少或避免日灼果（图5-65）。

图5-64　离子果膜

图5-65　喷布离子果膜有效防止日灼危害

六、防裂果

在干湿变化大如长期干旱后突然降雨或大量灌水或遇到较严重霜冻时，部分柑橘品种如贡柑、金柑、脐橙、茂谷柑、W.默科特、沙糖橘等品种的果实会出现不同程度的裂果现象（图5-66，图5-67），造成不必要的损失。为此，应采到下列措施预防裂果。

图5-66　沙糖橘因水分失调严重裂果　　　　图5-67　W.默科特因霜冻导致裂果

1.**保湿防旱**　除果园生草外，在干旱季节来临前，通过覆盖树盘、适当灌溉保湿防旱，确保树体生长与果实发育所需水分供应。

2.**增施有机肥**　改良土壤，提高土壤保水保肥能力。

3.**适当补充钙、硼肥**　在幼果发育期，适当补充钙、硼肥。

4.**树冠覆盖薄膜**　在果实着色成熟期，树冠覆盖塑料薄膜，果园地表覆盖地膜，可有效减少降雨、霜冻导致的裂果。

第六章
避雨避寒栽培技术

一、覆盖薄膜的时期

不同品种开始覆盖薄膜的时间有所不同，但大致都在低温霜冻到来前的11月下旬至12月上旬。盖膜过早会因气温仍然较高容易导致叶片和果实被灼伤（图6-1，图6-2），既影响产量又影响枝梢，更严重的会花费大量人工将薄膜掀开，以通风降温；盖膜太迟，又会遭受12月上中旬低温霜冻的危害。因此，具体的盖膜时

图6-1　盖膜过早致金柑枝叶和果灼伤

图6-2　高温导致马水橘枝梢灼伤

间要因地制宜，根据当地的气温、往年的经验特别是气象部门的长期天气预报来确定，总之，宜早不宜迟，尽量做到既不过早导致树冠顶部果实和枝梢灼伤，又不过迟遭受霜冻的危害。

二、覆盖薄膜前的准备工作

1.**覆膜材料准备**　在10月上中旬果实着色前准备好搭架用的木条、竹子和薄膜，提前在果园立好桩子，固定拱架，备好薄膜、塑料绳等所需材料。在经济条件允许的情况下，可考虑一次性购买热镀锌钢管或钢筋混凝土柱子作为搭架用的柱子、拱杆材料，以免除每年搭架、拆架之麻烦。

2.**覆盖时间**　对金柑、滑皮金柑而言，可在11月中下旬，在果实进入着色期开始盖膜，最好在这一时期的第一次降雨后盖膜；而对沙糖橘、马水橘、明柳甜橘来说，盖膜时间可适当推迟至11月下旬至12月初，茂谷柑、W.默科特、沃柑可在12月中下旬的霜冻来临前盖膜。

3.**覆盖薄膜的规格** 可选用厚度为0.06～0.08毫米的白色或蓝色无滴大棚膜作为树冠覆盖的薄膜，膜的宽度视树冠大小而定，树冠小的树使用单幅膜，树冠大的树使用双幅膜。

4.**盖膜前的施肥** 采用避雨避寒栽培的金柑树，在9月下旬前趁雨后在树的两侧挖深20～30厘米、宽30～40厘米的条沟，视树的大小，株施腐熟牛粪、鸡粪10～20千克、花生麸0.5～1千克、钙镁磷肥0.5～1.0千克，或株施优质生物有机肥3～4千克、钙镁磷肥0.5～1.0千克，施后及时覆土。

5.**覆盖前病虫害的防治** 在盖膜前2～3天，进行一次病虫害的综合防治。药剂可选用5%噻螨酮乳油1 500倍液，或20%四螨嗪可湿性粉剂1 500倍液加73%克螨特乳油2 000倍液和25%咪鲜胺乳油500～1 000倍液喷雾防治。

三、覆盖薄膜的架式

1.**直接覆盖** 直接将塑料薄膜盖到树冠上（图6-3至图6-5）。这种覆盖方式常用于幼龄果园或树冠高大的老果园。其优点：经

图6-3 沙糖橘直接盖膜

图6-4 金柑直接盖膜

图6-5 马水橘直接盖膜

济、简易、省工省料。缺点：顶部枝叶、果实容易因高温灼伤或极低温冻伤，膜易被刺破，不方便采果与喷药。

2.倒U形拱架式覆盖 沿行向搭成倒U形拱架，再将塑料薄膜盖到倒U形拱架上（图6-6至图6-8）。适用于平地果园。优点：不伤果及枝叶，比较牢固，抗风，采果方便。缺点：费材、费工。

图6-6 金柑倒U形拱架式覆盖

图6-7 金柑倒U形拱钢架

图6-8 沙糖橘倒U形拱架式覆盖

3.倒V形架式覆盖 沿行向搭成T形架，覆盖塑料薄膜呈倒V形（图6-9，图6-10）。常用于树冠比较矮小的果园。其优点：较省工。缺点：抗风能力较差，不便采果与喷药。

图6-9 马水橘倒V形盖膜

图6-10 金柑倒V形盖膜

4.拱棚式覆盖 沿行向每两行搭一座拱棚，再将塑料薄膜盖到拱棚上（图6-11至图6-13）。适用于平地果园。优点：相当牢固，抗风雪，不但能避雨，还能保温，方便采果与喷药。缺点：费工费材，成本较高，不适用于树冠高大的老果园。

图6-11　金柑拱棚式
　　　　盖膜之棚架

图6-12　拱棚式棚架

图6-13　金柑拱棚式
　　　　盖膜

5.单株拱棚式覆盖　依树冠大小、高矮，每株选用竹片3～4片，竹片交叉于树冠顶部固定。两端绑缚在树冠投影外缘的木桩上，呈拱罩形骨架，再在拱架上覆盖薄膜（图6-14）。适用于种植不规则或地势变化大的果园。优点：牢固，抗风雪。缺点：费工费材，成本较高，不适用于树冠高大的老果园。

图6-14　沙糖橘单株拱棚式盖膜方法

四、覆盖薄膜的技术

1.直接覆盖　沿行向直接将薄膜盖到树冠上，树冠下部不用盖膜，膜的长度、宽度以基本能将整行树冠覆盖完为宜，膜的四个角用塑料绳绑扎后固定在行间的木桩或竹桩上，其他地方每隔2～3米用塑料绳拉紧，两侧分别固定在行间的另一行的木桩、竹桩或树干上（图6-15，图6-16）。

2.倒U形拱架式覆盖　先沿行向在两行间的空地每隔3米左右在外一行树冠的两侧，各打一个高出地面约20厘米的木桩或竹桩，再选若干长竹片，拱成倒U形，两端绑缚在桩上，再在拱形架上

图6-15 沙糖橘直接盖膜的方法

图6-16 马水橘直接盖膜方法

覆盖薄膜；也可沿行向每隔3米左右在株间或树冠中间紧靠主干立一根高出树冠顶部约30厘米的支柱，沿行向的各条支柱之间可用细长光滑的竹条连接。在每条支柱两侧的行间空地上各打一个高出地面20厘米左右的木桩或竹桩，选若干长竹片，拱成倒U形，在每条支柱处从竹条上垂直跨过竹条，拱形竹片的两端绑缚在行间的木桩或竹桩上，再在拱形架上覆盖薄膜。薄膜的长度、宽度以基本能将整行树覆盖完为宜，膜的四个角用塑料绳绑扎后固定在行间的木桩或竹桩上，其他地方每隔2～3米用塑料绳拉紧，两侧分别固定在木桩或竹桩上（图6-17，图6-18）。

3. **倒V形架式覆盖** 沿支柱顶部架一光滑的长条竹或拉一8号以上的铁丝并绑扎牢固，将薄膜覆盖在架上，薄膜的四个角及中

图6-17 金柑倒U形盖膜

图6-18 金柑倒U形盖膜方法

间每隔2～3米长在两侧用塑料拉绳固定在行间的木桩或竹桩上，使膜形成倒V形（图6-19至图6-22）。

图6-19　沙糖橘倒V形盖膜方法

图6-20　马水橘倒V形盖膜棚外观

图6-21　金柑倒V形盖膜方法

图6-22　马水橘倒V形盖膜棚内情况

4.拱棚式覆盖　沿行向每2行树用一座钢架拱形大棚或竹片搭成的拱形大棚搭架，架上再覆盖塑料薄膜。大棚的宽度约6米，长度依行长而定，棚肩高2米左右，棚顶高出树冠顶部50厘米以上，棚拱形骨架的间距2～3米。盖膜后沿大棚纵向连接管的上方用压膜绳将薄膜压紧（图6-23，图6-24）。

图6-23　沙糖橘拱棚式盖膜方法

图6-24　金柑拱棚式盖膜方法

5.单株拱棚式覆盖　首先在每株树冠投影外缘打3～4个高出地面20厘米的木桩或竹桩，然后依树冠大小、高矮，每株选用竹片3～4片，竹片交叉于树冠顶部固定。两端绑缚在树冠投影外缘的木桩上，呈拱罩形骨架，再在拱架上覆盖薄膜（图6-25）。

不管采用哪一种方式盖膜，都要注意选择的薄膜宽度要合适，尽量选择能将果实盖在膜内的薄膜宽度，以免果实露在膜外容易受霜冻、降雨、大风等的危害（图6-26）；如果树冠太大，使用最宽的薄膜都难以盖住果实时，可以用绳子将薄膜的两侧尽量往外拉伸，尽最大限度盖住果实（图6-27）。

图6-25　马水橘单株直接盖膜方法

图6-26　裸露在外的沙糖橘果实（右下角）遇霜冻时果皮褐变

图6-27　大型树冠的盖膜方法

五、覆膜期间的管理

1.预防高温灼伤枝叶和果实　在树冠覆盖薄膜后，若出现晴天高温天气，采用直接覆膜或单株拱棚式覆盖架式的果园，要及时将所盖薄膜揭开，待高温天气过后再将薄膜重新盖上；采用其他方式覆盖的应将每行树两端的薄膜掀起通风降温，待高温天气过后再将薄膜重新盖好。

2.**防大风与霜雪**　在盖膜期间遇到大风天气时，应在大风过后，及时检查所盖薄膜是否被大风吹开或吹破，若有这种情况则要及时补好或盖好被风吹破、掀开的薄膜；遇到降雪特别是大雪时，应及时将薄膜上的积雪除掉（图6-28），以免积雪过厚过重压垮棚架、损坏薄膜，降雪后及时将残留在薄膜上的积雪抖落，并尽快将薄膜压破处补好或用新薄膜另外覆盖。

3.**及时防治病虫害**　如果盖膜前的喷药均匀到位，盖膜期间一般不会再发生病虫害的为害。偶尔为害的主要是柑橘红蜘

图6-28　及时抖落薄膜上的积雪

蛛，可在每叶成螨数量达3头左右时，用99%绿颖乳油120～150倍液等有效药剂均匀喷雾防治。

六、果实采收时期

果实成熟后，依据市场价格、天气和需求，分级分批人工采摘，直至采收完毕。一般而言，金柑和滑皮金柑可在11月下旬开始采收，直至翌年3月结束。

沙糖橘的采收时间因年份、产地、天气和价格而异。如果价格较高，则广东、广西南部因成熟较早且期间气温仍较高，可从12月中下旬开始采收，持续至翌年的1月至2月上旬。采收过迟，一会导致果实成熟度过高，不利于运输；二会在一定程度上影响到树势的恢复进而影响翌年的花量和产量（图6-29）。而在粤北山

图6-29　沙糖橘结果多采收过迟导致翌年基本无产量

区及桂北的阳朔、临桂、永福和荔浦等县及桂西南，因果实成熟较晚而且期间气温较低，果实留在树上不像在广东、广西南部那样容易过熟，所以，采收时间可推迟至1月中旬至2月中下旬，最理想的采收时间在1月下旬至2月底，因为这时其他产地的沙糖橘大部分已经销售完毕，市场供应量在逐步减少，更重要的是传统佳节春节往往在2月上中旬，节日消费高峰期间的价格较高。不过，具体采收时间应视市场行情、天气、价格及经济环境等情况灵活确定，避免预期过高、惜售而错过最佳销售时机。

七、采果后的管理

1.及时拆除薄膜或棚架　果实全部采收后，及时将薄膜拆下卷好放室内存放，留翌年再次使用。棚架是否拆除视所用材料及使用年限而定。采用钢筋混凝土和钢管搭建的棚架属于永久式棚架，无需拆除，采用竹、木搭建的棚架，考虑到雨淋日晒容易老化损坏，在劳力允许的情况下，可将横跨行向的竹片拆除存放即可。

2.**施肥** 一般在2～3月果实采收完毕，此时沙糖橘、马水橘、明柳甜橘、茂谷柑、W.默科特、沃柑、晚熟脐橙等品种春梢已萌芽、生长，而树体经过一个冬季的挂果后，营养消耗未能得到很好的恢复，因此，采果后要及时施一次速效的大量、中量元素肥料，以恢复树势，利于春梢萌发及开花结果。

3.**修剪** 一是剪除枯枝、病虫枝、贴近土壤的下垂枝；二是适当短剪结果枝、落花落果枝、弱枝、衰老枝、徒长枝等；三是疏剪树冠内膛、树冠中上部或株间、行间的密生枝、交叉枝，改善果园及树冠内膛的通风透光条件。

4.**冬季或春季清园** 由于树冠盖膜、果实留树保鲜期间无法进行冬季清园，因此，在施肥、修剪后，应及时进行冬季清园，重点防治柑橘黄龙病、溃疡病、炭疽病、黄斑病、红蜘蛛、蚜虫、介壳虫、木虱等病虫害，全园喷一次杀菌杀虫药剂，降低越冬病虫基数。药剂可选用99%绿颖乳油150～200倍液加大生-45可湿性粉剂500倍液，或加25%咪鲜胺乳油500～800倍液、10%苯醚甲环唑水分散颗粒剂2 000倍液、45%噻菌灵悬浮剂500倍液、77%氢氧化铜干悬剂900～1 100倍液、12%松脂酸铜乳剂600～800倍液、30%苯醚甲环唑·丙环唑乳油2 000～2 500倍液、25%嘧菌酯悬浮剂600～1 000倍液。

5.**松土** 在完成采果、施肥与修剪工作后，将已板结的全园土壤浅松一次，深度15厘米左右。

第七章
主要病虫害及其防治

一、主要病害及其防治

（一）柑橘黄龙病

1.病原及传播　柑橘黄龙病又名黄梢病，病原为细菌，细菌寄生在柑橘韧皮部筛管细胞内，为革兰氏阴性菌。柑橘黄龙病可通过柑橘木虱传播或嫁接传播，但不能通过汁液摩擦及土壤传播，带病苗木和接穗的调运是远距离传播的主要途径。田间菌源的普遍存在和柑橘木虱的高密度发生是此病流行的必要条件。

2.症状　发病初期，在树冠上有几枝或少部分新梢的叶片褪绿，呈现明显的"黄梢"，随之病梢的下段枝条和树冠其他部位的枝条相继发病。该病全年均可发生，春、夏、秋梢和果实均可表现症状。在田间，黄龙病黄化叶片可分为3种类型：

（1）均匀黄化　初期病树和夏、秋梢发病的树上多出现，叶片呈现均匀的黄色（图7-1）。

（2）斑驳黄化　叶片呈现黄绿相间的不均匀斑块状，斑块的形状和大小不一。从叶脉附近，特别易从主脉基部和侧脉顶端附近开始黄化，逐渐扩大形成黄绿相间的斑驳，最后全叶呈黄绿色黄化（图7-2）。这种叶片在春、夏、秋梢病枝上，以及初期和中、晚期病树上都较易找到。

图7-1　柑橘黄龙病均匀黄化病梢

图7-2　斑驳型黄化症状

斑驳黄化叶在各种梢期和早、中、晚期病树上均可见到，症状明显，常作为田间诊断黄龙病树的依据。

（3）**缺素黄化**　又称花叶，秋梢叶片叶脉及叶脉附近叶肉呈绿色而脉间叶肉呈黄色，与缺乏微量元素锌（图7-3）、锰病状相似。这种叶片出现在上年病枝抽生的新梢及中、晚期病树上。

（4）**红鼻子果**　除叶片黄化症状外，还有"红鼻子果"症状（图7-4），即在病果果蒂、果顶附近普遍高肩并呈橙红色，其余部位暗绿色，果实纵径拉长，病果普遍偏小。由于"红鼻子果"易在田间区别于健康果，通常被作为诊断病树的标准之一。

图7-3　缺锌型黄化叶片症状

图7-4　沙糖橘红鼻子果

（5）不正常着色果　果实着色成熟期，部分病果呈现不正常着色的绿色或着色很浅的淡黄绿色（图7-5），味淡或无味。

除以上表现典型的黄化叶片和"红鼻子果"外，黄龙病树叶片较正常树叶片硬、脆，病树不定期抽梢，梢短而纤弱，叶小而直立，树势衰退，开花多而早（图7-6），坐果率极低，果小而畸形。

图7-6　黄龙病树12月下旬不正常开花

图7-5　果皮不正常着色

3.防治方法

（1）严格实行检疫制度　禁止病区的接穗和苗木流入新区和无病区，建园一律用无病苗木，育苗全部用无病接穗。

（2）培育种植无病苗木，把好苗木质量关　无病苗圃最好选在没有柑橘黄龙病树和木虱发生的非病区。如在病区建圃，必须要有隔离条件，如在网室内，并确保砧木、接穗不带病，全程处在防虫网的保护之下。在建立苗圃之前，应先铲除附近零星的柑橘类植物或九里香等柑橘木虱的寄主。建园时全部种植无病苗木，从源头上避免或减少黄龙病。

（3）严格监控和防治柑橘木虱，减少传播机会　在每次新梢期，注意巡查果园，若发现木虱卵、若虫或成虫，则及时喷药杀灭。为了万无一失，可以在每次新梢期结合其他食叶害虫如潜叶蛾、蚜虫等的防治连续喷药2次左右，切断木虱传播黄龙病的途径。

（4）挖除病树，清除病源　黄龙病以秋梢老熟后的9～12月最易鉴别，田间鉴别最好在采果前进行逐株普查，以斑驳型黄化叶片和"红鼻子果"为诊断病树的主要症状，一旦发现病株立即挖除销毁，清除病源，减少传播。但砍树前应先喷药将柑橘木虱杀死，以免砍树震动和病树运输时将木虱驱散到其他健康树和果园，造成人为扩散黄龙病。

（5）加强管理　保持树势健壮，提高抗病力，通过抹芽控梢，促梢抽发整齐，每次梢抽发期要及时喷药保护，果园四周栽种防护林带，对木虱的迁飞也有一定阻碍作用。

（6）联防联治保效果　在集中连片种植的区域、果园或村屯，建园或补种时统一种植无病苗木；每年秋冬季统一普查、砍伐一次黄龙病树；每次喷杀木虱、砍病树时统一行动，做到统一时间、统一喷药、统一消除病源，控制木虱数量，确保整体防控效果。

（二）柑橘溃疡病

1.**病原及传播**　柑橘溃疡病病原为地毯草黄单胞杆菌柑橘致病变种引起的细菌性病害。病原菌在柑橘组织内越冬，由雨水及昆虫短距离传播；通过苗木、接穗及果实进行远距离传播。病菌从嫩叶、新梢或幼果的气孔、皮孔和伤口侵入。高温多雨季节有利于病菌的繁殖和传播，台风暴雨给寄主造成大量伤口，更有利于病菌的传播和侵入，造成病害的大流行。

2.**症状**　柑橘溃疡病可为害柑橘叶片、枝梢和果实，发病初期在叶背面出现黄色或暗黄绿色针头大小的油渍状斑点（图7-7），以后逐渐扩大呈近圆形，同时病斑使叶片两面略突起，病部表皮破裂，表面组织木栓化，粗糙，病部中央凹陷破裂呈火山口状，周围有黄色或黄绿色的晕圈（图7-8）；枝梢受害表现病斑近圆形或联合成不规则形，比叶片上的病斑更加凸起，病斑中间凹陷如火山口状裂开，但无黄色晕环；果实受害病斑与叶片上的相似，但较大，木质化程度比叶片的更高，病斑中央火山口状的开裂也更为显著，病斑只限在果皮上（图7-9），发生严重时会引起早期落果。柚、橙、杂交柑、柠檬容易感病，柑、橘、金柑不容易感病，但在附近有重病树时，沙糖橘、马水橘等也容易感病（图7-10）且很严重，因此也要做好预防工作。

图7-7　柑橘溃疡病初期症状

图7-8　柑橘溃疡病病叶

图7-9　柑橘溃疡病病果

图7-10　沙糖橘感染溃疡病

3.防治方法

（1）实行严格检疫　严禁从病区调运苗木、接穗和果实等，一旦发现，立即烧毁。杜绝溃疡病的人为传播。

（2）种植无病苗木　避免病源传播蔓延。

（3）彻底剪除病枝病叶病果，及时喷药保护伤口　在幼树、小面积果园或刚开始发病时，可在晴天、无露水时及时、彻底剪除、收集肉眼可见病斑的病枝、病叶、病果（图7-11），同时清理干净地面上的病枝病叶病果集中烧毁，剪后及时喷药保护伤口。

（4）新建果园注意品种选择　新建果园时不要混栽感病性不同的品种。

（5）冬春季做好清园工作　剪除病枝、病叶、病果，并集中烧毁，剪后喷药保护伤口。

图7-11　晴天彻底剪除病叶病枝病果

（6）加强栽培管理　合理施用肥水，增强树势，提高树体抗病能力；抹芽控梢、统一放梢，缩短新梢期，及时防治潜叶蛾和蓟马减少伤口，可有效减轻溃疡病的发生。

（7）及时连续喷药保护　已有病源的果园或普遍发病的产区，在春梢、夏梢、秋梢萌发至约1厘米长时喷药1次，7～10天再喷1次，连喷2～4次保护新梢，避免新梢感病；成年树，在谢花2/3及谢花后10天、30天、40天后各喷1次保护新梢和幼果；台风过后及时喷药1次保护伤口。药剂可选用77%氢氧化铜可湿性粉剂600～800倍液、农用链霉素600～1 000单位/毫升加1%酒精、20%噻菌铜悬浮剂500倍液、46.1%氢氧化铜水分散粒剂（可杀得3000）1 200～1 500倍液、53%氢氧化铜900～1 100倍液、80%

波尔多液400～600倍液、0.5%～1.0%石灰倍量式波尔多液、72%农用链霉素1000～1500倍液、77%冠军铜可湿性粉剂400～600倍液、2%春雷霉素水剂500～600倍液、20%噻唑锌悬浮剂400～500倍液、47%春雷王铜可湿性粉剂500～600倍液等。

（8）联防联控　由于柑橘溃疡病极易传播蔓延，因此，在已经发生柑橘溃疡病的区域，各自为政往往难以获得良好的防效。各个果园之间或大规模果园内部，必须做到联防联控，统一种植无病苗木，统一清除病源，统一喷药保护新梢，才能实现彻底控制的目的。

（三）柑橘炭疽病

1.病原及传播　柑橘炭疽病是一种真菌性病害，病原菌无性阶段为半知菌类炭疽菌属胶孢炭疽菌，有性阶段为子囊菌门小丛壳属围小丛壳。病菌以菌丝体和分生孢子在病组织中越冬。分生孢子借风雨和昆虫传播，在适宜的环境条件下萌发产生芽管，从气孔、伤口或直接穿透表皮侵入寄主组织。炭疽病菌是一种弱寄生菌，健康组织一般不会发病。但发生严重冻害，或由于耕作、移栽、长期积水、施肥过多等造成根系损伤，或早春低温潮湿、夏秋季高温多雨、肥力不足、干旱、虫害严重、农药药害等造成树体衰弱，或由于偏施氮肥后大量抽发新梢和徒长枝，均能助长病害发生。柑橘炭疽病在整个柑橘生长季节均可发生，一般春梢期发生较少，夏、秋梢期发生较多。

2.症状　柑橘炭疽病可为害柑橘地上部的各个部位及苗木。在高温多雨的夏初和暴雨后发病特别严重，植株夏、秋梢上发生较多。

（1）叶片症状（图7-12）　分为急性型和慢性型两种。急性型来势凶猛，扩散迅速，多在叶尖处开始发生，病斑暗绿色至黄褐色，似热水烫伤，整个病斑呈V形，湿度大时有许多红色小点，病叶很快大量脱落；慢性型常发生在叶片边缘或近边缘处，病斑中央灰白色，边缘褐色至深褐色，湿度大时可见红色小点，干燥时则为黑色小点，排列成同心轮状或呈散生状态，病叶落叶较慢。

（2）枝干症状（图7-13） 常在易受冻的枝梢上发生，使枝条自上而下枯死，枯死部分呈灰白色，上有黑色小点，病健部交界明显。

图7-12 柑橘炭疽病病叶

图7-13 夏梢炭疽病

（3）果实症状（图7-14） 幼果初期症状为暗绿色不规则病斑，以后扩大至全果，湿度大时常有红色小点，最后变成黑色僵果但不掉落。大果症状有干疤型、泪痕型和软腐型。干疤型在果腰部较多，呈近圆形黄褐色病斑，病组织不侵入果皮；泪痕型是在果皮表面有一条条如眼泪一样的病斑；软腐型是在采收贮藏期间发

图7-14 果实炭疽病（全金成提供）

生，一般从果蒂部开始，初期为淡褐色，以后变为暗褐色而腐烂。

（4）苗木症状 常在嫁接口附近发病，呈烫伤症状，严重时可使整个嫩梢枯死。

3.防治方法

（1）加强栽培管理 加强肥水管理，增施农家肥和适当的钾

肥，防止果园偏施氮肥，做好果园排水，避免积水，使树势健壮。冬季做好清园工作，剪除病枝梢、病果，清除地面的落叶、落果，集中烧毁。

（2）药剂防治　保护新梢，在春、夏、秋梢期各喷药1次；保护幼果则在落花后1个半月内进行，每隔10天左右喷1次，连续喷2～3次。药剂可选用80%代森锰锌（大生M-45）可湿性粉剂500～800倍液、50%退菌特可湿性粉剂500～700倍液、50%代森锰锌可湿性粉剂500～800倍液、30%氧氯化铜悬浮剂700倍液、30%苯醚甲环唑·丙环唑乳油3 000～3 500倍液、25%苯醚甲环唑·嘧菌酯悬浮剂600～1 000倍液、25%吡唑醚菌酯悬浮剂2 000～3 000倍液、25%咪鲜胺乳油800～1 000倍液、25%苯醚甲环唑乳油2 000～3 000倍液或1.6%胺鲜酯1 000～1 500倍液、40%多菌灵·硫黄悬浮剂600倍液、25%溴菌腈可湿性粉剂600倍液等。

（四）柑橘疮痂病

1. **病原及传播**　病原为柑橘痂圆孢菌，主要以菌丝体在患病组织内越冬，也可以分生孢子在新芽的鳞片上越冬。翌年春季，当阴雨多湿、气温回到15℃以上时，越冬菌丝产生分生孢子，借风雨、露水或昆虫传播到柑橘幼嫩组织上，萌发后侵入。侵入后3～10天发病，新病斑上又产生分生孢子进行再次侵染。适温和高湿是疮痂病流行的重要条件。发病温度范围为15～30℃，最适为20～28℃。此外，疮痂病的发生流行程度与栽培品种、寄主组织的老熟程度、树龄、果园环境和栽培管理等有密切关系。在设施栽培中管理水平较高，因此，设施栽培的果园一般发病较少。

2. **症状**　主要为害新梢、叶片、幼果等，受害叶初期在叶片上病斑出现水渍状圆形，以后逐渐扩大变成黄褐色，并逐渐木栓化，多数病斑似圆锥状向叶背面突出，但不穿透叶两面，叶面呈凹陷状，病斑多时呈扭曲畸形，严重时引起落叶。受害幼果的果皮上产生褐色斑点，逐渐扩大并转为黄褐色、圆锥状、木栓化瘤状突起（图7-15）。严重时病斑密布，果小、畸形，易脱落，俗称"癞痢头"。天气潮湿时，在疮痂的表面长出灰色粉状物。春季空气湿度大是发病严重的主要原因，春梢及幼果发病最为严重。

图7-15　柑橘疮痂病

3.防治方法

（1）种植无病苗木

（2）冬季清园　剪除病虫枝、病叶、病果，清除地表枯枝、落叶并烧毁，再喷0.5波美度石硫合剂，以减少病源。同时加强肥水管理，改善树冠内部通风透光条件，增强树势。

（3）药剂防治　保护的重点是春梢嫩叶和幼果，即在春芽萌动至芽长2毫米时喷第一次药，以保护春梢。在谢花2/3时喷第二次药以保护幼果。药剂可选用80%代森锰锌可湿性粉剂600倍液、25%嘧菌酯悬浮剂1 000 ～ 1 500倍液、10%苯醚甲环唑水分散粒剂800倍液、75%百菌清可湿性粉剂500 ～ 700倍液、70%甲基硫菌灵可湿性粉剂1 000倍液、50%多菌灵可湿性粉剂800 ～ 1 000倍液等。

（五）柑橘煤烟病

1.病原及传播　病原为真菌，超过30多种，主要有柑橘煤炱、巴特勒小煤炱、刺盾炱，其中柑橘煤炱为寄生菌，其他均为植物表面腐生菌，病菌以菌丝体、子囊壳和分生孢子器等在病部越冬。翌年孢子借风雨传播。此病多发生于春、夏、秋季，其中以5 ～ 6月为发病高峰。蚜虫、介壳虫及粉虱等害虫发生严重的柑橘园，煤烟病发生也重。种植过密，通风不良或管理粗放的果园发生严重。

2.**症状** 主要发生在叶片、枝梢或果实表面，初出现暗褐色点状小霉斑，后继续扩大呈绒毛状的黑色霉层，似黏附着一层烟煤，后期霉层上散生许多黑色小点或刚毛状突起物（图7-16，图7-17）。

图7-16 柑橘煤烟病严重为害金橘状

图7-17 柑橘煤烟病严重为害马水橘

3.防治方法

（1）适当稀植，注重修剪，剪除交叉枝、荫蔽枝，使果园通风透光良好，减轻发病。

（2）喷药防治蚜虫、介壳虫及粉虱等害虫，是防治该病的关键。

（3）在发病初期和冬季清园时可喷99%绿颖机油乳剂200倍液或97%希翠机油乳剂200倍液防治，间隔1周连续喷两次，效果较好。

（六）柑橘脂点黄斑病

柑橘脂点黄斑病又名黄斑病，各柑橘产区均有发生。

1.病原及传播 病原为柑橘球腔菌，病菌在病组织内越冬，翌年气温上升后以分生孢子或子囊孢子为侵染源，从气孔侵入寄主，并经1～4个月的潜育期后出现症状。一般5～7月是病菌侵染的主要季节，9～10月是发病的高峰期。管理粗放、树势衰弱时发病严重，苗木也可发病。

2.症状

（1）**黄斑型** 发病初期叶背出现针头大小的褪绿小点，半透明（图7-18），后扩展成不规则淡黄色斑块（图7-19），并在叶背形成淡褐色疱疹状突起随病斑扩展而老化成为褐色至黑色的脂斑，脂斑对应面褪绿，呈蜡黄色斑块，后期也形成黑褐色的脂斑（图7-20，图7-21），为害严重时可引起大量落叶。

（2）**褐色小圆星型** 初期为赤褐色芝麻粒大小的圆形斑点，后扩大，边缘稍隆起，中央凹陷变为灰白色，上有黑色小粒点。

图7-18 脂点黄斑病初始症状

图 7-19　柑橘脂点黄斑病黄色不规则斑块

图 7-20　柑橘脂点黄斑病叶面与叶背症状

图 7-21　柑橘脂点黄斑病叶面黄色病斑

3.防治方法

（1）冬季清园　剪除病叶、病枝，清除地表枯枝、落叶并烧毁，再喷2次0.5波美度的石硫合剂，或30%苯甲·丙环唑2 000倍液+99%绿颖乳油200倍液，或80%代森锰锌可湿性粉剂600倍液+99%绿颖乳油200倍液，以减少病源。

（2）肥水管理　对历年发病较重、树势衰弱的树，增施有机肥，及时排水，使树势健壮，增强抗病力。

（3）及时喷药防治　幼树可在春梢展叶初期喷第一次药，隔15～20天喷第二次，连喷2～3次。6月中下旬视病情再喷一次。

结果树可在谢花2/3时结合防治疮痂病进行第一次喷药防治，

以后每隔10～15天喷药1次，直至6月下旬保护春梢和幼果；幼树萌芽2～3厘米长时开始用药直至8月保护春夏秋梢。药剂可选用68.75%噁酮·锰锌水分散粒剂（易保）1 000～1 500倍液、30%苯甲·丙环乳油2 000倍液、32.5%苯甲·醚菌酯悬浮剂1 500～2 000倍液、50%多菌灵或70%甲基硫菌灵可湿性粉剂800～1 000倍液、45%代森铵水剂600倍液、70%代森锰锌可湿性粉剂500倍液、77%可杀得粉剂500倍液、80%代森锰锌可湿性粉剂600～800倍液、25%苯醚甲环唑乳油2 000～2 500倍液、25%吡唑醚菌酯乳油1 000～1 500倍液、25%吡唑醚菌酯悬浮剂2 000～3 000倍液、50%咪鲜胺可湿性粉剂1 500倍液。另外，防治害虫时使用矿物油也对脂点黄斑病有很好的防治效果。

（七）柑橘树脂病

1.病原及传播 病原为柑橘间座壳菌。病菌以菌丝体和分生孢子器在树干病部及枯枝上越冬，开春温度升高后，产生大量分生孢子器或子囊壳，分生孢子或子囊孢子成熟后，遇潮湿（降雨）时释放，经风雨、昆虫传播。由于它的寄生力较弱，因此，必须在寄主生长不良或有伤口时才能侵入。

2.症状

（1）流胶和干枯 枝干被害，初期皮层组织松软，有裂纹，接着渗出褐色的胶液，并有类似酒糟的气味。高温干燥情况下，病部逐渐干枯、下陷，皮层开裂剥落，疤痕四周隆起。木质部受侵染后变成浅灰褐色，并在病健交界处有1条黄褐色或黑褐色痕带。病部可见许多黑色小粒点（图7-22）。

图7-22 淹水后诱发的树脂病

图7-23 柑橘沙皮病（阳廷蜜提供）

（2）黑点和沙皮 病菌侵染叶片和未成熟的果实，在病部表面产生许多散生或密集成片的黑褐色的硬胶质小粒点，表面粗糙，略隆起，像黏附着许多细沙（图7-23）。

3.防治方法

（1）加强栽培管理，避免树体受伤 采果后尽快施肥恢复树势；刷白树干和培土，以提高树体的抗冻能力；及时剪除病虫枝并烧毁。

（2）病树刮治 对已发病的树，应彻底刮除病组织或纵刻病部涂药，每周1次，连续使用3～4次。药剂有70%甲基硫菌灵可湿性粉剂200倍液、25%嘧菌酯悬浮剂1 000～1 500倍液、80%克菌丹水分散粒剂1 000～1 500倍液、50%多菌灵可湿性粉剂100倍液等。

（3）喷药保护 谢花2/3开始至幼果期每15～20天喷药1次，连喷3～4次，药剂有80%代森锰锌可湿性粉剂600倍液、25%嘧菌酯悬浮剂1 000～1 500倍液、80%克菌丹水分散粒剂1 000～1 500倍液。

（八）柑橘流胶病

1.病原及传播 造成柑橘流胶病的病菌有*Phytophthora* sp.、*Fusarium* sp.、*Diplodia* sp.。病菌在枯枝上越冬，分生孢子器是翌年初次侵染的主要来源。翌年春季环境适宜时，特别是多雨潮湿时，枯枝上的越冬病菌开始大量繁殖，借风、雨、露水和昆虫等传播。6～10月发生较多。本病原菌是一种弱寄生菌，病原菌容易侵入生长衰弱或受伤的柑橘树。因此，柑橘树遭受冻害造成的冻伤和其他伤口，是本病发生流行的首要条件。如上年低温使树干冻伤，往往翌年温湿度适合时病害就可能大量发生。此外，多雨季节也常常造成此病大发生。不良的栽培管理，特别是肥料不足或施用不及时、偏施氮肥、土壤保水性或排水性差、各种病虫为害等造成树势衰弱，都容易导致此病的发生。

2.**症状**　近年来在金柑、脐橙上发病较多。主要发生在主干上，其次为主枝，小枝上也会发生。病斑不定型，病部皮层变褐色，水渍状，并开裂和流胶（图7-24）。病树果实小，提前转黄，味酸。以高温多雨的季节发病重。

图7-24　柑橘流胶病

3.**防治方法**

（1）综合措施　注意开沟排水，改善果园生态条件，夏季进行地面覆盖，冬夏进行树干涂白，加强对蛀干害虫的防治。

（2）在病部采取浅刮深刻的方法　即将病部的粗皮刮去，再纵切裂口数条，深达木质部，然后涂以50%多菌灵可湿性粉剂100～200倍液或25%瑞毒霉可湿性粉剂400倍液。

（九）柑橘线虫病

分柑橘根结线虫病和柑橘根线虫病。

1.**病原及传播**　柑橘根结线虫病病原是一种根结线虫，线虫以卵和雌虫越冬，由病苗、病根和带有病原线虫的土壤、水流以及被污染的农具传播。当温度在20～30℃，线虫孵化、发育及活动最盛。卵在卵囊内发育成为一龄幼虫。一龄幼虫孵化后仍藏于卵内，经一次蜕皮后破卵而出，成为二龄侵染虫，活动于土中，等待机会侵染柑橘树的嫩根。二龄幼虫侵入根部后，在根皮和中柱之间为害，并刺激根组织过度生长，形成不规则的根瘤。幼虫在根瘤内生长发育，再经三次蜕皮，发育成为成虫。雌、雄虫成熟后交尾产卵，卵聚集在雌虫后端的胶质囊中，卵囊的一端露在根瘤外。此线虫一年可发生多代，能进行多次重复侵染。

柑橘根线虫病病原是一种半穿刺线虫属的线虫，卵在卵壳内孵化发育成一龄幼虫，蜕皮后破壳而出，即二龄侵染幼虫。雄幼虫再蜕皮3次变为成虫。雌虫直至穿刺根之前，都保持细长形，一旦以颈部穿刺根内，固定为害后，露在根外的体躯迅速膨大，生殖器发育成熟，并开始产卵。柑橘根线虫幼虫在须根中的寄生量以夏季最少，冬春最多，而雌成虫对须根的寄生量，周年基本均匀。土壤温度对该线虫的活动和发生有影响，25 ～ 31℃为侵染的最适温度，在15℃和35℃有轻微侵染，温度低于15℃，线虫不活动，但不死亡。根线虫在土中的分布，以深10 ～ 30厘米的土层为最多。土壤结构影响该线虫的生殖率，含有50%黏土的土壤，线虫生殖率很低，含有10% ～ 15%黏土的土壤，线虫生殖率最高。土壤pH在6.0 ～ 7.7之间，有利于线虫繁殖。

2. 症状　发病根的根皮轻微肿胀，根皮表层皮易剥离，须根结成饼团状（图7-25）；地上部分表现抽梢少、叶片小、叶缘卷曲、黄化、无光泽、开花多而挂果少、产量低；发病重时枝枯叶落，根系严重腐烂（图7-26），严重的会引起整株枯死。

3. 防治方法

（1）**严格检疫**　购买苗木时加强检疫，严禁在受柑橘线虫病为害的病区购买有可能感染了线虫的苗木。对无病区应加强保护，严防病区的土壤、肥、水和耕作工具等易带线虫物带至病区。

（2）**选育抗病砧木**　选育能抗柑橘线虫病的砧木，是目前解决在病区发展种植柑橘较有效的办法。根据当地栽培条件，通过对多种适宜的砧木进行比较试验，培育和筛选出抗柑橘线虫病强的砧木。

图7-25　柑橘根结线虫病病根症状（全金成　图7-26　柑橘线虫为害导致根系变黑
提供）　　　　　　　　　　　　　　　　　腐烂（唐仙寿提供）

（3）剪除受害根群　在冬季结合松土晒根，在病株树盘下深挖根系附近土壤，将被根结线虫病为害的有根瘤、根结的须根团剪除集中烧毁，保留无根瘤、根结的健壮根和水平根及较粗大的根，同时撒施石灰后进行翻土。

（4）加强肥水管理　对病树采用增施有机肥特别是含甲壳素类的有机肥，并加强其他肥水管理措施，以增强树势，减轻危害。

（5）生物防治　在春梢萌芽前和放秋梢前，将病株树盘下根系附近土壤挖开，剪除受害根群，选用厚孢轮枝菌微粒剂按树冠投影面积20 ～ 40克/米^{2}或淡紫拟青霉颗粒剂按树冠投影面积20 ～ 40克/米^{2}与适量有机肥拌匀后撒施于裸露的根系上面，然后培回表土。

（6）药物防治　在挖土剪除病根、覆土过程中均匀混施药剂或在树冠滴水线下挖深15厘米、宽30厘米的环形沟，灌水后施药并覆土。药剂可选用1.8%阿维菌素乳油1 000 ～ 1 500倍液10 ～ 15千克/株、1.5%阿维菌素颗粒剂150 ～ 200克/株、10%噻唑磷颗粒剂150 ～ 200克/株进行沟施、撒施后覆土；或用3%阿维·噻唑磷（根线清）水乳剂1 000 ～ 1 500倍液树盘泼浇，用水量15 ～ 25千克/株（以浇透树盘5 ～ 10厘米土壤为宜）。

（十）柑橘黑星病

1.病原及传播 有性阶段属子囊菌亚门，常见的是无性阶段，属半知菌亚门。病菌主要以子囊果和分生孢子器在病叶和病果上越冬。翌年春季散出子囊孢子和分生孢子，通过风雨和昆虫传播，在幼果和嫩叶上萌发产生芽管进行侵染。对果实的侵染主要发生在谢花期至落花后一个半月内，到果实近成熟时病菌迅速生长扩展，出现病斑，产生分生孢子，进行重复侵染。高温多湿、晴雨相间或栽培管理不善、遭受冻害、果实采收过迟等造成树势衰弱以及机械损伤等均有利于发病。

2.症状 柑橘黑星病又名柑橘黑斑病，柑橘枝梢、叶片及果实均可受害，以果实受害最严重。通常果实黑星病表现有两种类型：黑斑型和黑星型，在金柑果实上主要表现为黑星型。

（1）**黑斑型** 果面上初生淡黄或橙色的斑点，后扩大成为圆形或不规则的黑色大病斑，直径1～3厘米，中部稍凹陷，散生许多黑色小粒点。严重时很多病斑相互联合，甚至扩大到整个果面（图7-27、图7-28）。

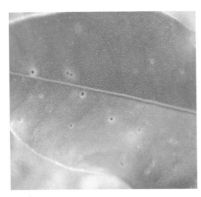

图7-27 金柑黑星病叶片症状（阳廷蜜提供）

图7-28 柑橘黑星病果（欧善生提供）

（2）**黑星型** 在将近成熟的果面上初生红褐色小斑点，后扩大为圆形的红褐色病斑,直径1～5毫米。后期病斑边缘略隆起,呈红褐色至黑色,中部灰褐色,略凹陷。贮运期间继续发展,湿度大时可引起腐烂。叶片上的病斑与果实上的相似(图7-29,图7-30)。

图7-30 柑橘黑星病果(黑星型,阳廷蜜提供)

图7-29 柑橘黑星病叶(阳廷蜜提供)

3.防治方法

(1)加强管理 采用配方施肥技术,调节氮、磷、钾比例;低洼积水地注意排水;修剪时,去除过密枝叶,增强树体通透性,提高抗病力;清除初侵染源,秋末冬初结合修剪,剪除病枝、病叶,并清除地上落叶、落果集中销毁。同时喷洒0.8～1波美度石硫合剂,铲除初侵染源。

(2)药物防治 柑橘落花后开始喷洒80%乙蒜素1 500～2 000倍液或80%代森锰锌(大生M-45)可湿性粉剂600倍液、25%嘧菌酯悬浮剂1 000倍液、25%吡唑醚菌酯乳油1 000～1 500倍液、10%苯醚甲环唑水分散粒剂800倍液、70%甲基硫菌灵可湿性粉剂500倍液,间隔15天喷1次,连喷3～4次。

（十一）柑橘脚腐病

1.病原及传播 病原为柑橘褐腐疫霉和烟草疫霉，以菌丝在病部越冬，也可以菌丝或卵孢子随病残体遗留在土壤中越冬。靠雨水传播，从植株根颈侵入。病害的发生与品种、气候、栽培管理关系密切。橙类、金柑发病较重。4月中旬开始发病，6～8月气温20～30℃、湿度85%以上时发病多，10月停止发病，幼年树很少发病，15年生以上的实生金柑发病多。在土壤黏重、排水不良、长期积水、土壤持水量过高时发病重，土壤干湿度变化大的果园、栽植过密或间作高秆作物、橘园郁闭湿度大的发病较重，由冻害、虫害或农事操作引起伤口的易于被该病侵染。

图7-31　柑橘脚腐病状

2.症状 主要为害主干，当病部环绕主干时，叶片黄化，枝条干枯，以至植株死亡。主要症状发生在根颈部皮层，向下为害根，引起主根、侧根乃至须根腐烂，向上发展达20厘米，使树干基部腐烂。幼树栽植过深时，从嫁接口处开始发病，病部呈不规则水渍状，黄褐色至黑色，有酒糟味，常流出褐色胶液。被害部相对应的地上部叶小，主、侧脉深黄色易脱落，形成秃枝，干枯。病树花特多，果实早落，残留果实小、着色早、味酸（图7-31）。

3.防治方法

（1）利用抗病砧木 以枳壳最抗病，红橘、枸头橙、酸橘和香橙次之，用抗病砧木育苗时应当提高嫁接口的位置。定植时须浅栽，使抗病砧木的根颈部露出地面，以减少发病。

（2）合理计划密植　中后期要及时间伐，以利通风透光，降低湿度，减少发病。

（3）改善和加强果园栽培管理　改良土壤，及时排水，防止积水，禁种高秆作物，降低果园湿度，重视天牛、吉丁虫的防治，以减少伤口；将种植过深的树主干基部的泥土扒开，让嫁接口全部露出地面，对发病较重的树，根据具体情况进行修剪，将病枝、弱枝、未成熟的枝条剪去，减少枝叶量，减少蒸腾量。

（4）靠接换砧　已定植的感病砧木植株于3～5月在主干上靠接3～4株抗病砧木。轻病树和健康树可预防病害发生；重病树靠接粗大的砧木，使养分输送正常和起到增根的效果。

（5）药物防治　每年的3～5月逐株检查，发现病树，先用刀刮去病部皮层，再纵刻病部深达木质部，间隔0.5厘米宽，并超过病斑1～2厘米，再用25%瑞毒霉可湿性粉剂400～600倍液、65%山多酚可湿性粉剂400～600倍液、2%～3%硫酸铜200倍液、70%甲基硫菌灵可湿性粉剂200倍液、1∶1∶10波尔多液等涂抹病部，15～20天1次，连续2～3次。

（十二）柑橘附生性绿球藻

1.**发生条件**　柑橘附生绿球藻发生在湿度大、郁闭的果园，一旦发生则逐渐加重，扩大蔓延，树势较差的园区，一株树的老叶部分及树冠中下部枝干都被附着。另外，柑橘园管理粗放、偏施氮肥、少施或不施有机肥、树势衰弱等因素，也给附生绿球藻发生提供了条件。

2.**症状**　柑橘附生性绿球藻是藻类植物，附生于树冠下部老枝叶上，藻体在老叶上形成一层致密的绿色粉状物，严重时主干、大枝也全被附着，抑制光合作用，影响树势、产量和果实品质（图7-32）。

3.**防治方法**

（1）加强果园管理　增施有机肥，实行氮磷钾及中微量元素

图7-32　柑橘附生绿球藻为害沙糖橘叶片状

的配合施肥，增强树势，低洼积水地注意排水，修剪时去除过密枝叶，增强树体通透性。

（2）药剂防治　春季萌芽前用80%乙蒜素可湿性粉剂2 000倍液喷1次，一个月后再用乙蒜素水剂3 000倍液喷1次；或在春梢萌芽前用45%代森铵水剂1 000倍液叶面喷雾，间隔15天再喷1次；或46.1%氢氧化铜水分散粒剂1 200 ～ 1 500倍液喷雾；在树干和大枝上可周年涂石灰水进行防治。

二、主要虫害及其防治

（一）柑橘红蜘蛛

柑橘红蜘蛛又称柑橘全爪螨、瘤皮红蜘蛛、柑橘红叶螨等。

1.为害症状　红蜘蛛（图7-33）可为害叶片、果实及新梢，以刺吸转绿的新梢叶片较严重，吸食叶片后，叶片呈花点失绿，没有光泽，呈灰白色，严重时造成落叶、影响树势及产量。果实受害严重时果皮灰白色，失去光泽（图7-34），不耐贮藏。春季为害严重，夏季如高温多雨，对红蜘蛛的生存、繁殖不利，发生较轻；而秋冬季如遇温暖干旱，则为害非常严重。

2.发生规律　一年可发生15 ～ 24代，田间世代重叠，其发生代数与气温关系密切。一般在气温达到12℃以上虫口开始增加，20℃时盛发，20 ～ 30℃和60%～ 70%的空气湿度是其发育和繁殖的最适宜条件，温度低于10℃或高于30℃时虫口受到抑制。果园常喷波尔多液等含铜制剂，杀灭了大量天敌，容易导致该螨大发生。

图7-33 柑橘红蜘蛛成虫

图7-34 红蜘蛛为害果实状

3.防治方法

（1）生物防治 培养天敌。红蜘蛛的天敌很多，如六点蓟马、捕食螨等捕食性昆虫，还有芽枝霉菌等致病真菌等。在果园内选择种植藿香蓟（白花臭草）、牧草或保留其他非恶性杂草，可调节果园小气候，提供充足的害虫天敌食料，有利于天敌的活动。

（2）化学防治 冬季清园是全年防治红蜘蛛的关键。在采果后至春芽萌发前，先用自制的1.0波美度石硫合剂喷药清园一次，再在修剪病虫枝之后喷一次，效果非常好。也可选用99%绿颖机油乳剂150～200倍液、99%绿颖机油乳剂200倍液加73%炔螨特乳油2 000倍液，连续喷两次。在春季开花、幼果期可用5%尼索朗乳油1 000～1 500倍液、24%螺螨酯悬浮剂1 500～2 000倍液、20%哒螨灵可湿性粉剂2 000倍液、1.8%阿维菌素乳油1 500～2 000倍液等。其他生长季节可用的药剂有：73%克螨特乳油1 500～2 000倍液、99%绿颖机油乳剂200倍液（间隔7天连续喷两次效果较好）、20%乙螨唑可湿性粉剂4 000～4 500倍液、20%三唑锡悬浮剂1 000～1 500倍液或25%三唑锡可湿性粉剂1 500倍液（高温、嫩梢期容易产生药害，慎用）、5.5%阿维·三唑锡乳油1 000

倍液、50%联苯肼酯可湿性粉剂5 000～6 000倍液、97%希翠机油乳剂200倍液等。注意：在花期或气温超过36℃的高温天气忌用克螨特类、国产机油乳剂，更不能两者混用。

（二）柑橘锈蜘蛛

1.为害症状 柑橘锈蜘蛛又称锈壁虱、锈螨。主要为害叶片和果实，以为害果实较严重。叶片受害后，似缺水状向上卷，叶背呈烟熏状黄色或锈褐色，容易脱落；果实受害后流出油脂，被空气氧化后变成黑褐色，称之为"黑皮果"（图7-35）。6～9月为为害高峰期，到采果前甚至采果后还会为害。发生早期，果皮似被一层黄色粉状微尘覆盖。虫体不易察觉（图7-36），待出现黑皮果时，即使杀死虫体，果皮也不会恢复。

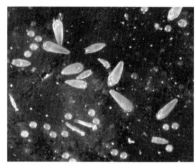

图7-35 锈蜘蛛为害后的果实症状　　图7-36 放大镜下的锈蜘蛛若虫

2.发生规律 一年发生18～24代，以成螨在柑橘的腋芽、卷叶内或越冬果实的果梗处、萼片下越冬。越冬成螨在春季日均气温上升至15℃左右开始取食为害和产卵等活动，春梢抽发后聚集在叶背主脉两侧为害，5～6月迁至果面上为害，7～10月为为害高峰尤以气温25～31℃时虫口增长迅速。若果园常喷布波尔多液等含铜制剂和溴氰菊酯、氯氰菊酯等杀虫剂，杀灭了大量天敌，容易导致该螨大发生。

3.防治方法

（1）冬季清园　结合清园，修剪病虫枝，防止果园过度荫蔽，选用自制1.0波美度石硫合剂喷药清园。

（2）加强栽培管理　加强肥水管理，增强树势；注意果园种草，如白花臭草等，以提高湿度，有利于天敌的繁殖和生存。已知的天敌有7种，其中汤普森多毛菌是有效天敌，还有捕食螨、草蛉、蓟马等。

（3）药剂防治　加强监测预报，在幼果或叶片上发现有2头虫以上时，应立即喷药防治。在桂北地区一般在5月结合防治炭疽病喷一次80%代森锰锌（大生M-45）可湿性粉剂600～800倍液，能达到较好的防治效果。有效药剂可选用80%大生M-45可湿性粉剂600～800倍液、20%三唑锡悬浮剂1 000～1 500倍液或25%三唑锡可湿性粉剂1 500倍液（高温、嫩梢期容易产生药害）、73%克螨特乳油2 000～2 500倍液、65%代森锌可湿性粉剂600～800倍液、5.5%阿维·三唑锡乳油1 000倍液、20%呋虫胺悬浮剂2 000～2 500倍液、50%溴螨酯乳油1 000～1 500倍液、5%虱螨脲乳油1 500～2 500倍液、1.8%阿维菌素乳油1 500～2 000倍液等。

（三）柑橘潜叶蛾

柑橘潜叶蛾又称绘图虫、鬼画符、潜叶虫，是柑橘新梢的主要害虫之一。

1.为害症状　成虫在刚萌动的新梢上产卵，数天内幼虫（图7-37）潜入嫩叶表皮下取食叶肉，形成具有保护层的隧道，使叶片卷曲（图7-38）、硬化、变小，甚至落叶；幼果受害果皮留下伤迹。枝叶受害后的伤口是其他病菌侵染的途径，也是螨类等害虫越冬场所。

2.发生规律　在华南地区一年发生15～16代，以蛹及少数老熟幼虫在叶片边缘卷曲处越冬。田间世代重叠明显，各代历期随温度变化而异。平均气温27～29℃时，完成一个世代需13.5～

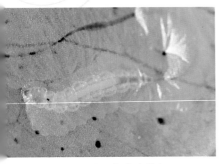

图7-37　柑橘潜叶蛾幼虫　　　　　　图7-38　潜叶蛾为害后的新梢

15.6天；平均气温为16.6℃时为42天。田间5月就可见到为害，但以7～9月夏、秋梢抽发期为害最严重。

3.防治方法

（1）**抹芽控梢**　幼龄园应抹芽控梢，最大限度地消灭其虫口基数，切断其嫩梢食料来源，做到统一放梢，集中喷药。

（2）**药剂防治**　要认真做好喷药保梢工作，一般在夏、秋梢的嫩芽长到0.5～1.0厘米长时喷第一次药，以后每隔5～7天喷1次，到新梢自剪时停止用药，每次梢期用药2～3次。可选用3%啶虫脒乳油1 500～2 000倍液、10%吡虫啉可湿性粉剂2 000倍液、70%吡虫啉可湿性粉剂5 000～8 000倍液、1.8%阿维菌素乳油1 000～1 200倍液、25%噻虫嗪水分散粒剂1 500倍液、20%呋虫胺悬浮剂2 500～3 000倍液、10亿PIB/毫升多角体病毒（康保）悬浮剂700～1 000倍液、2.5%氟氯氰菊酯乳油1 500～2 000倍液等。

（四）柑橘木虱

柑橘木虱分为亚洲木虱和非洲木虱两种。我国和亚洲各国柑橘产区多为亚洲木虱。主要为害芸香科植物，柑橘属受害最重，黄皮、九里香等次之。

1.为害症状　柑橘木虱以成虫在嫩芽产卵和吸食汁液，使叶片扭曲畸形，严重时新芽凋萎枯死。还排出白色蜡状排泄物，沾湿枝叶，诱发煤烟病。木虱是传播柑橘黄龙病的媒介昆虫。在柑橘黄龙病疫区应把其作为重要害虫进行防治。

2.发生规律 在周年有嫩梢的情况下，一年可发生11～14代，其发生代数与柑橘抽发新梢次数有关，每代历期长短与气温有关。田间世代重叠。成虫产卵于露芽后的芽叶缝隙处，没有嫩芽不产卵。初孵的若虫（图7-39，图7-40）吸取

图7-39 嫩梢上的木虱若虫（张素英提供）

嫩芽汁液并在其上发育成长，直至五龄。成虫停息时尾部翘起，与停息面呈45°角（图7-41）。在没有嫩芽时，停息在老叶的正面和背面。在8℃以下时，成虫静止不动，14℃时可飞能跳，18℃时开始产卵繁殖。在一年中，秋梢受害最重，其次是夏梢，10月中旬至11月上旬常有一次晚秋梢，木虱会有一次发生高峰。连续阴雨天，会使木虱虫口大量减少。柑橘木虱对极端温度有较高的耐性，自然条件下，-3℃、24小时后其成活率为45%。

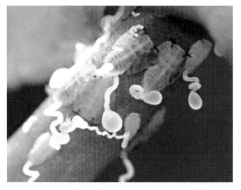

图7-40 木虱若虫为害（钟广炎提供）

图7-41 柑橘木虱成虫姿态

3.防治方法

（1）清除果园周围的寄主植物 如黄皮、九里香等。

（2）冬季清园 冬季木虱越冬成虫活动能力差，停留在叶背，清园时喷布有效杀虫剂是防治柑橘木虱的关键措施。

（3）抹芽控梢，统一放梢 在枝梢抽发时，采取"抹零留整、集中放梢"的方法统一放梢，缩短嫩梢期统一喷药防治，可显著减轻其为害。

（4）营造防风林带 营造防风林带以阻隔木虱飞迁和传播。

（5）药剂防治 防治时期是采果后、挖除黄龙病株前及春夏秋冬梢嫩梢期，重点是采果后和春夏秋梢嫩梢期，采取联防联治、连片统一围歼的方法喷药。每一次新梢期喷药2次左右，每次间隔15～20天。药剂可选用20%吡虫啉乳油2 000倍液、48%毒死蜱乳油1 000～2 000倍液、20%哒虱威乳油1 000倍液、20%甲氰菊酯乳油1 000倍液、4.5%高效氯氰菊酯乳油1 000倍液、2.5%高效氟氯氰菊酯乳油1 500～2 000倍液、20%溴氰虫酰胺水悬浮剂3 000倍液（维瑞玛）、25%噻虫嗪水分散粒剂1 500倍液等。

（五）介壳虫

1.为害症状 在金橘、沙糖橘和马水橘上为害较多的介壳虫主要有糠片蚧、矢尖蚧（图7-42）、黑点蚧、褐圆蚧等。介壳虫既为害叶片，又为害枝干和果实，有的甚至为害根群。介壳虫往往是雄性有翅、能飞，雌虫和幼虫终生寄居在枝叶，造成叶片发黄、枝梢枯萎（图7-43）、树势衰退，且易诱发煤烟病。在果实上为害造成果面斑点累累

图7-42 矢尖蚧成虫

（图7-44），品质下降，甚至引起落果。

2. 发生规律 盾蚧类大多以成虫和老熟幼蚧越冬，第二年春

图7-44 矢尖蚧为害沙糖橘果实

图7-43 介壳虫为害导致枝叶干枯

天来临时，雌成虫产卵于介壳下方，雌成虫产卵期较长，可达2～8周。卵不规则堆积于介壳之下，经几小时或若干天后孵化为若虫，刚孵出的若虫（初孵若虫）可以到处爬行，初孵若虫爬出母壳后移到新梢、嫩叶或果实上固定取食。蚧类的成虫和二龄以后长出介壳的若虫都难以用药防治，其蜡质介壳难以被药剂穿透。一龄若虫未长出介壳，便于药剂穿透和防治，此期是防治的最佳时机，其一龄若虫大致发生时间如下：

（1）褐圆蚧 一年发生4代，幼蚧盛发期大约为每年的5月中旬、7月中旬、8～9月、10月下旬至11月中旬，各虫期不整齐，世代重叠。

（2）矢尖蚧（图7-44） 一年发生2～3代，初孵若虫常出现于每年的5月中下旬、7月中旬、9月上中旬，一般情况下，各虫期的发生比较整齐而有规律。

（3）糠片蚧 一年发生3～4代，初孵若虫可见于4～6月、6～7月、7～9月和10月以后。最大量的初孵若虫发生期为7月

下旬至10月，尤以9月为高峰。

（4）黑点蚧 一年发生3～4代，一龄若虫全年均有发生，一般分别于7月中旬、9月中旬、10月中旬出现高峰。

3.防治方法

（1）加强栽培管理 搞好肥水管理，增强树势；盛果期后注意修剪，防止果园荫蔽，并把剪下的寄生介壳虫的阴枝和内腔枝烧毁，最大限度地减少虫口基数。

（2）保护天敌 吹绵蚧的天敌有澳洲瓢虫、大红瓢虫等，可人工放养。黄金蚜小虫是褐圆蚧、矢尖蚧、糠片蚧的天敌，寄生率可达70%以上。

（3）冬季清园 结合清园，修剪病虫枝，集中烧毁；防止果园过度荫蔽；选用自制1.0波美度石硫合剂喷药清园，也可用99%绿颖机油乳剂150～200倍液清园。

（4）药剂防治 根据各种介壳虫和最佳防治虫龄及发生高峰期，抓住关键时期施药，其重点应掌握在一、二龄若虫盛发期进行，尤其应抓好对第一代一、二龄若虫的防治。可选用48%毒死蜱乳油1 000倍液、35%快克乳油1 000倍液、25%噻嗪酮可湿性粉剂1 000倍液。喷雾时务必全树喷匀，喷湿树冠阴枝与叶背，注意害虫集中的地方一定要精心喷杀。

（六）粉虱类

为害柑橘的粉虱主要有黑刺粉虱和白粉虱。黑刺粉虱又名橘刺粉虱，白粉虱又名橘黄粉虱。

1.为害症状
主要以成虫、幼虫聚集叶片背面刺吸汁液，形成黄斑，并分泌蜜露诱发煤烟病，使植株枝叶发黑，树体变弱，果实生长缓慢，品质变差。

2.发生规律

（1）白粉虱（图7-45） 白粉虱以高龄幼虫及少数蛹固定在叶片背面越冬。因各地温度不同，一年发生代数不同，华南温暖地区一年发生5～6代，各代若虫分别寄生在春、夏、秋梢嫩叶的背面为害。卵产于叶背面，每雌成虫能产卵125粒左右；有孤雌生殖现象，所生后代均为雄虫。

（2）黑刺粉虱（图7-46）　一年发生4～5代，以二至三龄幼虫在叶背越冬。田间世代重叠。5～6月、6月下旬至7月中旬、8月上旬至9月上旬、10月下旬至11月下旬是各代一至二龄幼虫的盛发期，也是药物防治的最佳时期。成虫多在早晨露水未干时羽化，初羽化时喜欢荫蔽的环境，白天常在树冠内幼嫩的枝叶上活动，有趋光性，可借风力传播到远方。羽化后2～3天便可交尾产卵，多产在叶背，散生或密集呈圆弧形。幼虫孵化后作短距离爬行吸食。蜕皮后将皮留在体背上，一生共蜕皮3次，每蜕一次皮均将上一次蜕的皮往上推而留于体背上。

图7-45　柑橘白粉虱为害新梢　图7-46　柑橘黑刺粉虱（欧善生提供）

3.防治方法

（1）生物防治　利用天敌昆虫和寄生菌防治。粉虱类的天敌有红点唇瓢虫、草蛉、粉虱细蜂、黄色跳小蜂，寄生菌有粉虱座壳孢（图7-47）。可采集已被粉虱座壳孢寄生的枝叶散放到柑橘粉虱发生的橘树上，或人工喷洒粉虱座壳孢子悬浮液。

（2）剪除虫害枝、密生枝　使果园通风透光，增强树势，提

图7-47　粉虱座壳孢子菌

高植株抗虫能力。

（3）**药剂防治**　药剂防治关键期是各代特别是第一代和第二代一至二龄若虫盛发期。药剂防治以99%绿颖机油乳剂200倍液加10%吡虫啉可湿性粉剂2000倍液效果较好，也可选用40%速扑杀乳油1000～1500倍液、25%扑虱灵可湿性粉剂1500～2000倍液、25%噻虫嗪水分散剂1500倍液等。

（七）柑橘花蕾蛆

柑橘花蕾蛆又称柑橘蕾瘿蚊，幼虫俗称花蛆。

1.**为害症状**　成虫在花蕾直径2～3毫米时，将卵从其顶端产于花蕾中，幼虫在花蕾内蛀食，致使花瓣白中夹带绿点（图7-48），受害花畸形肿胀，俗称灯笼花（图7-49），不能开花结果。

2.**发生规律**　一年发生1代，以幼虫在树冠下的浅土层中越冬，每年的3月上中旬开始化蛹，于3月中下旬出土，羽化后1～

图7-48　柑橘花蕾蛆为害后的花蕾
（花瓣浅绿色）

图7-49　柑橘花蕾蛆为害状

2天即开始交尾产卵，卵期3～4天，4月上中旬为幼虫盛发期，4月中下旬幼虫开始脱蕾入土休眠，直到翌年化蛹。花蕾蛆羽化上树的产卵期为柑橘花朵的露白期。

3.防治方法

（1）物理防治　成虫出土前地面覆盖，使成虫闷死于地表。

（2）化学防治　地面施药，掌握在花蕾2毫米左右由绿转白阶段、成虫羽化出土前5～7天撒药，每亩用50%辛硫磷颗粒0.5千克拌土撒施；或用90%晶体敌百虫800倍液、20%杀灭菊酯乳油2 500～3 000倍液、25%溴氰菊酯乳油3 000～5 000倍液等喷洒地面1～2次。成虫已出土至产卵前，一般在现蕾期用5%高效氯氟氰菊酯乳油1 500～2 000倍液、20%氯氰菊酯乳油3 000～5 000倍液、50%辛硫磷乳油1 000～1 500倍液，喷洒树冠1～2次。

（八）柑橘蚜虫类

主要有棉蚜、橘蚜、绣线菊蚜、橘二叉蚜。它们都是传播柑橘衰退病的媒介昆虫。

1.为害症状　蚜虫以成虫和若虫吸食嫩梢、嫩叶、花蕾及花的汁液，使叶片卷曲，叶面皱缩、凹凸不平不能正常伸展（图7-50，图7-51）。受害新梢枯萎，花果脱落。蚜虫排出的蜜露还诱

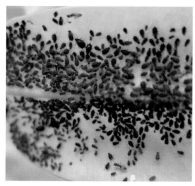

图7-50　橘蚜为害嫩叶

图7-51　橘蚜为害致嫩叶卷曲

发煤烟病，并招来蚂蚁取食而驱走天敌。

2. 发生规律

（1）棉蚜　一年发生20～30代，以卵在枝条基部越冬。翌年3月卵开始孵化，气温升至12℃以上开始繁殖。在早春和晚秋19～20天完成1代，夏季4～5天完成1代。繁殖的最适温度为16～22℃。

（2）橘蚜　一年发生10～20代，以卵或成虫越冬。3月下旬至4月上旬越冬孵化为无翅若蚜为害春梢嫩枝、叶，若蚜成熟后便胎生幼蚜、虫口急剧增加于春梢成熟前达到为害高峰。繁殖最适温度24～27℃，高温久雨橘蚜死亡率高、寿命短，低温也不利于该虫的发生。

（3）绣线菊蚜　全年均有发生，一年发生20代左右，以卵在寄主枝条裂缝、芽苞附近越冬。4～6月为害春梢并于早夏梢形成高峰，虫口密度以5～6月最大，9～10月形成第二次高峰，为害秋梢和晚秋梢。

（4）橘二叉蚜　一年发生10余代，以无翅雌蚜或老若虫越冬。翌年3～4月开始取食新梢和嫩叶，以春末夏初和秋天繁殖多为害重。多行孤雌生殖。其最适宜温度为25℃左右。一般为无翅型，当叶片老化食料缺乏或虫口密度过大时便产生有翅蚜迁飞他处取食。

3. 防治方法

（1）黄板诱蚜　有翅成蚜对黄色、橙黄色有较强的趋性，可在黄板上涂抹10号机油、凡士林等诱杀。黄板插或挂于田间，诱满蚜虫后要及时更换。

（2）农业措施　冬季结合清园，剪除有虫枯枝，减少越冬虫口。在生长季节抹除抽生不整齐的新梢，统一放梢。

（3）保护和利用天敌　蚜虫的天敌种类很多，如瓢虫、草蛉、食蚜蝇、寄生蜂、寄生菌等，注意合理用药，保护天敌。

（4）药剂防治　药剂可选用10%吡虫啉可湿性粉剂1 500～2 000倍液、70%吡虫啉可湿性粉剂5 000～8 000倍液、3%啶虫胀乳油2 500 ～ 3 000倍液、25％噻虫嗪水分散剂1 500倍液、50％抗蚜威可湿性粉剂3000 ～ 5 000倍液等。

（九）蓟马

1.为害症状 蓟马以成虫（图7-52）、若虫、吸食嫩叶、嫩梢和幼果的汁液，金柑尤以第一批果实受害严重。幼果受害后表皮油胞破裂，逐渐失水干缩，呈现不同形状的木栓化银白色斑痕（图7-53），斑痕随着果实膨大而扩大。嫩叶受害后，叶片变薄，中脉两侧出现灰白

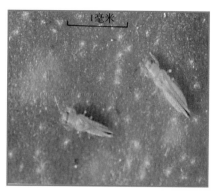

图7-52 蓟马成虫

色或灰褐色条斑，表皮呈灰褐色，受害严重时叶片扭曲变形（图7-54），生长势衰弱。

2.发生规律 一年发生7 ～ 8代，以卵在秋梢新叶组织内越

图7-53 蓟马为害幼果致果皮形成的疤痕

图7-54 蓟马为害嫩叶导致扭曲变形

冬。翌年3～4月越冬卵孵化为幼虫，在嫩梢和幼果上取食。田间4～10月均可见，但以谢花后至幼果期为害最重。第一、第二代发生较整齐，也是主要的为害世代，以后各代世代重叠明显。幼虫老熟后在地面或树皮缝隙中化蛹。成虫较活跃，尤以晴天中午活动最盛。秋季当气温降至17℃以下时便停止发育。

3.防治方法

（1）清园　开春清除园内枯枝落叶并集中烧毁，以消除越冬虫卵。

（2）药剂防治　在谢花至幼果期，金柑在第一批花果期，加强检查结合喷叶面肥，可选用2.5%溴氰菊酯乳油2 000～3 000倍液、10%吡虫啉可湿性粉剂1 500倍液、70%吡虫啉可湿性粉剂5 000～8 000倍液、0.5%藜芦碱可湿性粉剂800倍液、22.4%螺虫乙酯悬浮剂2 000倍液防治。

（十）柑橘实蝇

有柑橘大实蝇和柑橘小实蝇两种。

1.为害症状　以成虫产卵于果实内，幼虫为害果实（图7-55），使果实腐烂并造成大量落果（图7-56）。

图7-55　柑橘小实蝇幼虫

图7-56　柑橘小实蝇为害金柑果实落果状

2.发生规律

（1）柑橘大实蝇（图7-57）　在四川、湖北、贵州等地一年发生1代，以蛹在柑橘园土中越冬，于翌年4月下旬至5月上中旬羽化出土，6月上旬至7月中旬交尾产卵，产卵时，雌虫将产卵管刺入果皮，每孔产卵数粒。卵期1个月左右，于7～9月孵化为幼虫，10月中旬至11月上中旬幼虫脱果入土化蛹越冬。主要传播途径为人为携带虫果和带土苗木。

（2）柑橘小实蝇（图7-58）　一年发生3～5代，无严格越冬现象，发生极不整齐，成虫羽化后需要经历较长时间的补充营养（夏季10～20天，秋季25～30天，冬季3～4个月）才能交尾产卵，卵产于将近成熟果实的果皮内。卵期夏秋季1～2天，冬季3～6天。幼虫期在夏秋季需7～12天，冬季13～20天。老熟后脱果入土化蛹，蛹期夏秋季8～14天，冬季15～20天。

图7-57　柑橘大实蝇成虫

图7-58　柑橘小实蝇雌成虫（全金成提供）

3.防治方法

（1）加强检疫　严禁从疫区调运带虫的果实、种子和带土苗木。

（2）销毁被害虫果　在8月下旬至11月，摘除未熟先黄、黄中带红的被害果并捡拾落地果，放入50～60厘米深的坑中，在表面撒一层生石灰后深埋，也可以用石灰水浸泡，杀死果中的卵和幼虫。

图7-59　用黄板诱杀柑橘小实蝇

（3）诱杀成虫　在6～8月柑橘大实蝇、柑橘小实蝇产卵前期，在橘园喷施90％敌百虫晶体800倍液或1.8％阿维菌素乳油5 000倍液或2.5％溴氰菊酯乳油3 000～4 000倍液加3％红糖混合液诱杀成虫。在幼虫脱果入土盛期和成虫羽化盛期地面喷洒50％辛硫磷乳油800～1 000倍液。同时，可用黄板插或挂于田间，诱杀成虫（图7-59）。

（十一）柑橘地粉蚧

1.为害症状　柑橘地粉蚧为害金柑较严重。虫群集于须根特别是新生须根和细根上吸食为害（图7-60），受害植株须根和新生须根减少，须根根皮糜烂（图7-61），植株受害后上年春梢叶片呈现斑驳状黄化，黄化部分始于叶片基部主脉两侧，并逐渐扩大，在主脉两侧各形成一个大小基本均等的大黄斑，黄斑进一步扩大，

图7-60　柑橘地粉蚧为害根系（全金成提供）

图7-61　柑橘地粉蚧为害造成根系腐烂（全金成提供）

终致整张叶片的叶肉部分及侧脉全部黄化（图7-62），但叶片主脉仍保持绿色。严重时，除当年春梢叶片不黄化外，其他叶片都可表现黄化，老叶提早脱落，严重影响树体生长与结果，甚至死亡。

2.发生规律 在福州一年发生3代，主要以若虫和少数成虫越冬（图7-63）。第一代卵盛期在6月上中旬，第二、三代卵盛期分别在7月下旬至8月上旬和9～10月间，土中若虫和成虫周年可见，各代若虫盛发期为6月、8月和10～11月。各代成虫盛发期6月下旬至7月、9月中下旬及翌年4～5月。在广西阳朔县，5月下旬是柑橘地粉蚧成虫产卵的高峰期，6月下旬是若虫发生的高峰期。

图7-62 地粉蚧为害造成叶片黄化

图7-63 地粉蚧各虫态

3.防治方法

（1）**严格选择育苗地** 严禁在金柑园及其他柑橘园内育苗，前茬为金柑的果园也不宜用作苗圃。

（2）**严格检疫** 做好苗木调运的检疫工作，防止传播蔓延。

（3）**选用抗性砧木** 地粉蚧为害严重的地区，可考虑种植金柑实生苗或本砧嫁接苗。

（4）**化学防治** 采用根际施药，施药时间掌握在越冬雌成虫产卵前或在连日大雨后进行。在广西阳朔县，5月中旬是一年中防治该虫的最佳时间。药剂可选用48%毒死蜱乳油600倍液20千克/株，或用40%辛硫磷乳油400倍液20千克/株，树盘松土后泼浇。

（十二）柑橘尺蠖

1.为害症状 主要以幼虫取食叶片，一龄幼虫取食嫩叶叶肉仅留下表皮层，二至三龄幼虫食叶呈缺刻（图7-64），四龄后以为害老叶为主，整片叶吃光。

图7-64 尺蠖幼虫

2.发生规律 在广西一年发生3～4代，以蛹在柑橘园土中越冬，翌年3月下旬陆续羽化出土，幼虫盛发期分别在5月上旬、7月中旬和9月中旬。成虫昼伏夜出，有趋光性和假死性，产卵于柑橘叶背上，初孵幼虫常在树冠顶部的叶尖直立，或吐丝下垂随风飘散为害，幼龄时取食叶肉，残留表皮，大幼虫常在枝杈搭成桥状。老熟幼虫沿树干下爬，多在树干周围50～60厘米的浅土中化蛹。

3.防治方法

（1）农业措施 结合冬季清园，全园深翻，将越冬蛹挖除，减少越冬基数，是控制柑橘尺蠖的有效措施，尺蠖产卵均在树干及叶片背面，要及时刮除卵块，并把收集的卵块集中烧毁或深埋。

（2）化学防治 可选用2.5%溴氰菊酯乳油2 000～3 000倍液、90%敌百虫晶体600倍液、20亿PIB/毫升棉铃虫核多角体病毒悬浮剂700～800倍液等。

（十三）天牛类

主要有星天牛、褐天牛、光盾绿天牛3种。

1.为害症状 天牛以成虫啃食树的细枝皮层、幼虫钻蛀为害枝干及根部。星天牛和褐天牛的幼虫蛀害主干、主枝及根部，常环绕树干基部蛀成圈，后钻入主干或主根木质部，使树干、根内部造成许多通道，影响水分、养分的输送，致使叶片黄化，树势衰弱，甚至整株枯死。光盾绿天牛幼虫从枝梢入侵为害，被害枝梢上每隔一段距离有一个圆形孔洞，枝条易被风折。

2.发生规律

（1）星天牛（图7-65） 一年发生1代，幼虫在树干基部或主根内越冬，翌年春化蛹，成虫在4月下旬至5月上旬开始出现，5～6月为羽化盛期。卵多产于离地面5厘米以内的树干基部，5月底至6月中旬为产卵盛期。产卵处表面湿润，有树脂泡沫流出。

（2）褐天牛（图7-66） 二年完成1代，幼虫和成虫均可越冬。一般在7月上旬以前孵化的幼虫，当年以幼虫在树干蛀道内越冬，翌年8月上旬至10月上旬化蛹，10月上旬至11月上旬羽化为成虫并在蛹室内越冬，第三年4月下旬成虫外出活动，8月以后孵化的幼虫，则需经历2个冬天，到第三年5～6月才化蛹，8月以后才外出活动。成虫出洞后在上半夜活动最盛，白天多潜伏在树洞内，一年中在4～9月均有成虫外出活动和产卵，以4～6月外出活动产卵最多，幼虫大多在5～7月孵化。幼虫孵化后先在卵壳附近皮层下横向取食，7～20天后，开始蛀食木质部，并产生虫粪和木屑，

图7-65　星天牛成虫

图7-66　褐天牛成虫（欧善生提供）

同时在树干上产生气孔与外界相通，后幼虫老熟并化蛹。

（3）光盾绿天牛　一年发生1代，以幼虫在树枝木质部内越冬。4月下旬至5月下旬为化蛹盛期，成虫于5～6月间出现，5月下旬至6月中下旬为盛期，虫卵多产于嫩枝的分杈处、叶柄和叶腋内，每处1粒。6月上中旬开始孵化幼虫，孵化后咬破卵壳底层，保留上层卵壳掩盖虫体，经6～7天后即开始由此处卵壳下蛀入枝条，由小枝逐步蛀入大枝。

3.防治方法

（1）人工捕捉成虫　在成虫羽化产卵期（5～6月）的晴天，中午捕杀栖息于树冠外围的成虫，或在黄昏前后捕杀在树干基部产卵的成虫。

（2）加强栽培管理，保持树干光滑　在成虫羽化产卵前用石灰浆涂白树干，也可采用基部包扎塑料薄膜的方法来防止天牛产卵。同时结合根颈培土，减少成虫潜入和产卵的机会。

（3）刮除虫卵及低龄幼虫　在6～8月，初孵幼虫在主干树皮层为害时，可见到新鲜木屑样的虫粪向外排出，从中发现有白色虫卵或虫粪，可用利刀刮杀虫卵。

（4）钩杀幼虫或药物毒杀幼虫　在春秋季发现树干基部有新鲜虫粪时，及时用钢丝将虫道内的虫粪清除后进行钩杀，然后用棉球或碎布条蘸80%敌敌畏乳油5～10倍液塞入虫孔内，并用湿泥土封堵洞口，以毒杀幼虫。

（十四）蜗牛

蜗牛又名小螺丝、触角螺，我国柑橘上常见的为同型巴蜗牛（图7-67）。

1.为害症状　主要是取食柑橘幼嫩枝叶以及果实皮层，受害嫩叶呈网状孔洞，幼果被害处组织坏死，呈不规则凹陷状，严重影响果实外观和品质（图7-68）。

2.发生规律　一年发生1～2代，以成贝在枯枝落叶中或土中

图7-67 同型巴蜗牛

图7-68 蜗牛为害果实造成损伤

或以幼贝在作物根部土中越冬。翌年3月中旬开始活动，蜗牛喜潮湿，卵产在疏松的湿土中。阴雨天气较多年份较多。主要为害期是4～7月、9～12月。

3.防治方法

（1）生物防治　养鸡鸭啄食，及时清除橘园杂草和枯枝落叶，产卵期中耕晒卵，用石灰粉、草木灰等撒施在被害植株周围以驱赶蜗牛。

（2）药剂防治　在4月上中旬和5月中下旬蜗牛未交配产卵和大量上树前的盛发期，可撒施毒土防治，常用药剂有8%灭蜗灵颗粒剂，每亩用1千克拌10～15千克干细土，或每亩用6%四聚乙醛颗粒剂465～665克拌细土10～15千克撒施树盘，或用70%杀螺胺（千螺飘摇）可湿性粉剂400～500倍液喷雾等。

附录一
桂林地区沙糖橘结果树周年管理工作历

月份	物候期	管理工作要点
1	花芽形态分化期	①预防低温霜冻、冰冻伤果；②分期采收果实；③采果后挖除黄龙病树；④冬季修剪、清园；⑤冬季施肥
2	花芽形态分化期、春梢萌芽、生长	①分期采收果实；②施萌芽肥；③春季修剪；④防治蚜虫、木虱、花蕾蛆、蓟马、黄斑病等
3	花蕾期、春梢转绿期	①叶面追肥1～2次；②采收果实；③采果后砍伐黄龙病树；④春季修剪；⑤防治红蜘蛛、木虱、蓟马、蚜虫、黄斑病等；⑥拆除薄膜
4	开花期、生理落果期	①叶面追肥1次；②谢花后喷1～2次20～30毫克/千克的九二〇保果；③防治红蜘蛛、木虱、蓟马、蚜虫、黄斑病、疮痂病、灰霉病等；④施稳果肥；⑤中耕除草
5	生理落果、幼果膨大、夏梢萌芽生长期	①叶面追肥；②喷1次25～40毫克/千克的九二〇保果；③防治红蜘蛛、木虱、锈蜘蛛、介壳虫、粉虱、炭疽病、黄斑病等；④主干或主枝环割保果；⑤控抹夏梢；⑥开沟排水
6	夏梢转绿、生理落果、果实膨大期	①叶面追肥1次；②施壮果肥；③防治红蜘蛛、锈蜘蛛、炭疽病、木虱、天牛、潜叶蛾、粉虱、煤烟病、炭疽病、黄斑病等；④树盘松土；⑤控抹夏梢
7	果实膨大、生理落果、秋梢萌芽生长期	①叶面追肥1次；②施壮果攻梢肥；③防治红蜘蛛、锈蜘蛛、木虱、天牛、潜叶蛾、介壳虫、粉虱、炭疽病、黄斑病、煤烟病等；④夏季深施重肥；⑤夏季修剪；⑥施攻秋梢肥、放秋梢

（续）

月份	物候期	管理工作要点
8	秋梢萌发、转绿、果实膨大期	①叶面追肥1次；②树盘覆盖、淋水抗旱；③防治红蜘蛛、锈蜘蛛、木虱、潜叶蛾、黄斑病等；④铲除树盘杂草
9	秋梢转绿、果实膨大期	①叶面追肥1次；②淋施水肥1～2次；③防治红蜘蛛、锈蜘蛛、木虱、蚜虫等；④普查黄龙病，砍伐销毁黄龙病树；⑤防旱
10	果实膨大期、花芽生理分化期	①追肥1次；②施壮果肥1次；③防治红蜘蛛、锈蜘蛛、炭疽病等；④砍伐销毁黄龙病树；⑤防旱
11	果实着色期、花芽生理分化期	①叶面追肥1～2次；②淋施水肥1次；③防治红蜘蛛、果实蝇、吸果夜蛾、木虱、蚜虫等；④预防大风、霜冻；⑤旺树促花
12	果实成熟、花芽形态分化期	①预防低温霜冻、冰冻伤果；②树冠盖膜；③分期采果；④施采果肥；⑤防治红蜘蛛、黄龙病、木虱、蚜虫等；⑥冬季修剪、清园、施肥

附录二
桂林地区金柑结果树周年管理工作历

月份	物候期	管理工作要点
1	果实成熟期	①预防低温霜冻、冰冻伤果；②分期采收果实；③采果后挖除销毁黄龙病树；④采完果的树进行冬季清园与修剪
2	果实成熟期	①分期采收果实；②冬季修剪；③施萌芽肥；④冬季清园
3	春梢萌芽期	①春季修剪；②全园翻土；③叶面追肥1次；④防治红蜘蛛、蓟马等
4	春梢生长、转绿期	①叶面追肥1次；②防治红蜘蛛、蚜虫、木虱等
5	春梢老熟、第一批花花芽分化、花蕾期	①叶面追肥1次，促进新梢转绿老熟；②防治红蜘蛛、蚜虫、粉虱、木虱、蓟马等；③中耕除草
6	第一批花开花、生理落果；第二批花花芽分化、夏梢萌芽、生长期	①盛花期喷1次九二〇和叶面肥等，谢花后再喷1次；②施稳果肥；防治红蜘蛛、锈蜘蛛、木虱、粉虱、潜叶蛾、蓟马、疮痂病、炭疽病、黑星病等
7	第一批果膨大；第二、三批花现蕾开花、生理落果、果实膨大期；夏梢转绿期	①第二、三批花盛花期喷1次九二〇和叶面肥；②施稳果壮果肥；③防治红蜘蛛、锈蜘蛛、粉虱、潜叶蛾、木虱、粉虱、炭疽病等；④铲除树盘杂草、松土
8	第一至第三批果实膨大；第四批花开花、生理落果期；秋梢萌芽、生长期	①喷1次叶面肥；②施壮果肥；③防治红蜘蛛、潜叶蛾、木虱等；④第四批花随其落花落果；⑤树盘盖草防旱

· 170 ·

（续）

月份	物候期	管理工作要点
9	第一至第四批果实膨大；秋梢转绿期	①秋梢转绿期喷1次叶面肥促进新梢老熟、果实膨大；②施壮果肥；③防治红蜘蛛、锈蜘蛛、黄龙病、木虱等
10	果实膨大期	①叶面追肥；②淋施水肥壮果，肥料以堆沤腐熟沼液、粪水、麸水为主；③防治红蜘蛛、锈蜘蛛、黄龙病、黑星病等；④密切注意天气预报，如预报10月下旬有持续降雨，则要提前盖膜，预防裂果；⑤预防高温灼伤树冠顶部果实及枝梢
11	果实着色期	①盖膜前施肥、防治病虫害；②树冠盖膜；③防治红蜘蛛、锈蜘蛛、橘小实蝇、黄龙病、黑星病等；④预防高温灼伤树冠顶部果实及枝梢；⑤施采果肥
12	果实着色成熟期	①分期采果销售；②防霜冻；③防治红蜘蛛、果小实蝇、木虱、黄龙病、黑星病等；④施采果肥

附录三
桂林地区沃柑结果树周年管理工作历

月份	物候期	管理工作要点
1	花芽形态分化期、果实成熟期	①防低温霜冻、冰冻伤果；②剪除枯枝、病虫枝；③冬季深施重肥；④中耕松土
2	花芽形态分化期、春梢萌芽、生长期果实成熟期	①采收果实；②施萌芽肥；③春季修剪；④防治蚜虫、木虱、花蕾蛆、蓟马等
3	花蕾期、春梢转绿期	①采收果实；②采果后砍伐黄龙病树；③春季修剪、清园；④防治红蜘蛛、木虱、花蕾蛆、蓟马等；⑤拆除薄膜
4	开花期、生理落果期	①叶面追肥1次；②谢花后喷1次0.15%芸薹素内酯5 000倍液保果；③防治红蜘蛛、疮痂病、蓟马等；④施稳果肥；⑤中耕除草
5	生理落果、幼果膨大、夏梢萌芽生长期	①追施高钾叶面肥1～2次；②防治红蜘蛛、锈蜘蛛、炭疽病、介壳虫、粉虱等；③开沟排水；④施壮果肥
6	夏梢转绿、果实膨大期	①叶面追肥1次；②淋施冲施肥壮果；③防治红蜘蛛、锈蜘蛛、炭疽病、木虱、天牛、潜叶蛾、粉虱、煤烟病等；④中耕松土；⑤疏果；⑥放夏梢防日灼病
7	果实膨大、秋梢萌芽生长期	①叶面追肥1次；②淋施壮果攻秋梢肥；③防治红蜘蛛、锈蜘蛛、炭疽病、木虱、粉虱、天牛、潜叶蛾、介壳虫等；④夏季深施重肥；⑤夏季修剪；⑥放秋梢；⑦防日灼病

（续）

月份	物候期	管理工作要点
8	秋梢转绿、果实膨大期	①叶面追肥1次；②树盘覆盖、淋水淋肥抗旱壮梢壮果；③防治红蜘蛛、木虱、潜叶蛾等；④中耕松土；⑤放秋梢；⑥防日灼病
9	秋梢转绿老熟、果实膨大期	①追肥1次；②淋施水肥1～2次壮梢壮果、抗旱；③防治红蜘蛛、锈蜘蛛、木虱等
10	果实膨大期	①防治红蜘蛛、锈蜘蛛、蚜虫等；②普查，砍伐黄龙病树
11	果实着色期、花芽生理分化期	①追肥1～2次；②施采果肥；③防治红蜘蛛、果实蝇、吸果夜蛾等；④树冠盖膜，预防大风、霜冻；⑤旺树促花
12	果实成熟、花芽生理分化期	①预防低温霜冻、冰冻伤果；②冬季修剪

附录四
禁止使用的农药

项　目	农　药
国家明令禁止使用的农药	甲胺磷、甲基对硫磷、对硫磷、久效磷、磷胺、六六六、滴滴涕、毒杀芬、二溴氯丙烷、杀虫脒、二溴乙烷、除草醚、艾氏剂、狄氏剂、汞制剂、砷类、铅类、敌枯双、氟乙酰胺、甘氟、毒鼠强、氟乙酸钠、毒鼠硅、苯线磷、地虫硫磷、甲基硫环磷、磷化钙、磷化镁、磷化锌、硫线磷、蝇毒磷、治螟磷、特丁硫磷、氯磺隆、福美胂、福美甲胂、胺苯磺隆、甲磺隆单剂或复配制剂产品以及百草枯水剂
果树禁止使用的其他农药	甲拌磷、甲基异柳磷、内吸磷、克百威、涕灭威、灭线磷、硫环磷、氯唑磷、水胺硫磷、灭多威、氧乐果、三氯杀螨醇、氟虫腈、杀扑磷、溴甲烷、氯化苦

（1）百分比浓度 百分比浓度（%）＝溶质÷溶液×100%。
如0.2%的尿素溶液，即在50千克水中加入0.1千克尿素。

（2）倍数浓度 即1份农药加水的份数。

例如50%多菌灵500倍液，即1千克50%的多菌灵药粉加水500千克。

（3）百万分比浓度 即100万份药液中含药剂有效成分的份数或每升药液中所含的药剂的毫升数或每千克药液中所含的药剂的毫克数。生产上常用于稀释植物生长调节剂。具体配制公式如下：

$$配药用水量＝\frac{药物用量×药物含量}{配制浓度}$$

如：用5克75%的九二〇配制20毫升/升（20毫克/千克）的溶液，所需的用水量为：

$$配药用水量＝\frac{5克×75\%}{20毫克/1\,000克}＝187\,500克＝187.5千克$$

不同浓度植物生长调节剂稀释成不同浓度溶液所需用水量详见附表：

附表 1克生长调节剂配制成不同浓度溶液所需用水量

配制浓度 （毫克/千克、毫升/升）	用水量（千克）		
	九二〇	2,4-D	
	75%	80%	90%
5	150.00	160.00	180.00
10	75.00	80.00	90.00
15	50.00	53.33	60.00
20	37.50	40.00	45.00
25	30.00	32.00	36.00
30	25.00	26.67	30.00
35	21.43	22.86	25.71
40	18.75	20.00	22.50
50	15.00	16.00	18.00

主要参考文献

蔡明段, 易干军, 彭成绩. 2011. 柑橘病虫害原色图鉴 [M]. 北京: 中国农业出版社.

陈德严, 梁金旺, 甘廉生, 杨清明. 2006. 马水橘优质丰产栽培 [M]. 广州: 广东科技出版社.

陈国庆. 2011. 柑橘病虫害诊断与防治原色图谱 [M]. 北京: 金盾出版社.

陈腾土, 李嘉球, 麦适秋, 区善汉. 1997. 沙田柚高产栽培技术 [M]. 南宁: 广西科学技术出版社.

邓秀新, 彭书昂. 2013. 柑橘学 [M]. 北京: 中国农业出版社.

甘海峰, 梅正敏, 傅翠娜, 陈腾土. 2012. 柑橘无公害高产栽培技术 [M]. 北京: 化学工业出版社.

高超跃, 范新单, 廖祥林, 等. 2004. 不同药剂防治柑橘黑星病的药效试验 [J]. 中国南方果树, 33(2): 21.

郭瑛, 杨孝泉, 卢坚, 等. 1994. 柑橘地粉蚧种群发生动态与防治试验 [J]. 华东昆虫学报, 3(2): 56-60.

何天富. 1999. 柑橘学 [M]. 北京: 中国农业出版社.

黄桂香, 何静. 2008. 金柑优质高效栽培 [M]. 北京: 金盾出版社.

刘和平, 张芳文. 2003. 砂糖橘优质高产100问 [M]. 广州: 广东科技出版社.

刘和平, 张芳文. 2006. 无核砂糖橘早结丰产栽培 [M]. 广州: 广东科技出版社.

卢运胜, 周启明, 邱桂石, 黄美玲. 1991. 柑橘病虫害 [M]. 南宁: 广西科学技术出版社.

罗永兰, 张志元. 1991. 柑橘附生性绿球藻的发生及防治 [J]. 中国柑橘, 20(3): 43.

梅正敏, 区善汉, 肖远辉, 等. 2011. 冬季异常低温对马水橘果实品质的不利影响 [J]. 中国南方果树, 40(3): 48-50.

梅正敏, 麦适秋, 肖远辉, 等. 2012. 树冠盖膜留树贮藏金柑树盘土壤水分及果实品质的变化 [J]. 中国南方果树, 41(1): 11-13.

区善汉, 廖奎富, 陈贵峰, 等. 2010. 阳朔金柑避雨避寒栽培技术 [J]. 中国南方果树, 39(4): 69-70.

区善汉, 肖远辉, 廖奎富, 等. 2012. 金柑避雨避寒栽培效果的研究 [J]. 中国南方果树, 41(5): 52-54.

区善汉, 肖远辉, 梅正敏, 麦适秋. 2015. 图说柑橘避雨避寒栽培技术 [M]. 北京: 金盾出版社.

邱柱石, 邓广宙, 麦适秋. 2007. 阳朔金柑上的一种新害虫——柑橘地粉蚧的初步考察 [J]. 广西园艺, 18(6): 24-26.

王国平, 窦连登. 2007. 果树病虫害诊断与防治原色图谱 [M]. 北京: 金盾出版社.

夏声广, 唐启义. 2006. 柑橘病虫害防治原色生态图谱 [M]. 北京: 中国农业出版社.

叶自行, 胡桂兵, 许建楷. 2009. 无籽沙糖橘高效栽培新技术 [M]. 北京: 中国农业出版社.

尹颖. 2011. 柑橘脚腐病的调查与防治 [J]. 中国南方果树, 40(6): 66-67.

俞君. 2012. 柑橘线虫病的危害及防治对策 [J]. 技术与市场, 19(7): 245, 247.

中国柑橘学会. 2008. 中国柑橘品种 [M]. 北京: 中国农业出版社.

周开隆, 叶荫民. 2010. 中国果树志·柑橘卷 [M]. 北京: 中国林业出版社.

图书在版编目（CIP）数据

图说柑橘避雨避寒高效栽培技术 ／ 区善汉等编著
. —北京：中国农业出版社，2018.10
（柑橘提质增效生产丛书）
ISBN 978-7-109-23875-6

Ⅰ．①图… Ⅱ．①区… Ⅲ．①柑桔类-果树园艺-图
解 Ⅳ．①S666-64

中国版本图书馆CIP数据核字（2018）第011135号

中国农业出版社出版
（北京市朝阳区麦子店街18号楼）
（邮政编码 100125）
责任编辑 张 利 黄 宇

中国农业出版社印刷厂印刷　 新华书店北京发行所发行
2018年10月第1版　 2018年10月北京第1次印刷

开本：880mm×1230mm 1/32　 印张：6
字数：157千字
定价：48.00元
（凡本版图书出现印刷、装订错误，请向出版社发行部调换）